《博士后文库》编委会名单

主　任：陈宜瑜
副主任：詹文龙　李　扬
秘书长：邱春雷
编　委：（按姓氏汉语拼音排序）
　　　　付小兵　傅伯杰　郭坤宇　胡　滨
　　　　贾国柱　刘　伟　卢秉恒　毛大立
　　　　权良柱　任南琪　万国华　王光谦
　　　　吴硕贤　杨宝峰　印遇龙　喻树迅
　　　　张文栋　赵　路　赵晓哲　钟登华
　　　　周宪梁

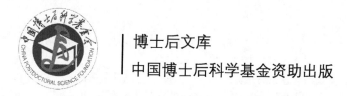

博士后文库
中国博士后科学基金资助出版

生物数学思想研究

赵 斌 著

科学出版社
北 京

内 容 简 介

本书作为一部论述生物数学思想的专著，尝试将生物数学思想从其内部打通，以生物数学思想的起源与形成为主线，通过透析生物数学思想演变的内在逻辑，窥觅到它的产生和发展是环环相扣的有机的统一体。

本书首先对生物数学的思想体系进行整体梳理。然后把握生物数学思想产生和发展过程中各个阶段的关键点；选择具有代表性的种群动态数学模型的产生和发展过程作为突破口，并详细介绍这类生物数学模型在产生和发展过程中所经历的 15 种形态；详尽分析生物数学四大分支的起源与形成过程；选择生物数学思想演变过程中的 5 位代表人物进行个案分析；细致探析生物数学的社会化过程；给出生物数学思想未来发展方向的三点展望。最后，叙述中国生物数学的开拓过程。

全书重点突出，脉络分明，注意引用生动的案例和丰富的图表，可供综合大学、农林院校对生物数学思想感兴趣的本科生和研究生以及相关专业的教师阅读参考。

图书在版编目(CIP)数据

生物数学思想研究/赵斌著. —北京：科学出版社，2016.11
（博士后文丛）
ISBN 978-7-03-050538-5

Ⅰ.①生… Ⅱ.①赵… Ⅲ.①生物数学–研究 Ⅳ.①Q-332

中国版本图书馆 CIP 数据核字(2016) 第 268844 号

责任编辑：李 欣 黄 敏/责任校对：彭 涛
责任印制：张 伟/封面设计：陈 敬

科学出版社 出版
北京东黄城根北街 16 号
邮政编码：100717
http://www.sciencep.com

北京凌奇印刷有限责任公司 印刷
科学出版社发行　各地新华书店经销
*
2017 年 1 月第 一 版　开本：720×1000 B5
2017 年 1 月第一次印刷　印张：13 1/2
字数：249 000
POD定价：78.00元
（如有印装质量问题，我社负责调换）

《博士后文库》序言

博士后制度已有一百多年的历史。世界上普遍认为，博士后研究经历不仅是博士们在取得博士学位后找到理想工作前的过渡阶段，而且也被看成是未来科学家职业生涯中必要的准备阶段。中国的博士后制度虽然起步晚，但已形成独具特色和相对独立、完善的人才培养和使用机制，成为造就高水平人才的重要途径，它已经并将继续为推进中国的科技教育事业和经济发展发挥越来越重要的作用。

中国博士后制度实施之初，国家就设立了博士后科学基金，专门资助博士后研究人员开展创新探索。与其他基金主要资助"项目"不同，博士后科学基金的资助目标是"人"，也就是通过评价博士后研究人员的创新能力给予基金资助。博士后科学基金针对博士后研究人员处于科研创新"黄金时期"的成长特点，通过竞争申请、独立使用基金，使博士后研究人员树立科研自信心，塑造独立科研人格。经过30年的发展，截至2015年底，博士后科学基金资助总额约26.5亿元人民币，资助博士后研究人员5万3千余人，约占博士后招收人数的1/3。截至2014年底，在我国具有博士后经历的院士中，博士后科学基金资助获得者占72.5%。博士后科学基金已成为激发博士后研究人员成才的一颗"金种子"。

在博士后科学基金的资助下，博士后研究人员取得了众多前沿的科研成果。将这些科研成果出版成书，既是对博士后研究人员创新能力的肯定，也可以激发在站博士后研究人员开展创新研究的热情，同时也可以使博士后科研成果在更广范围内传播，更好地为社会所利用，进一步提高博士后科学基金的资助效益。

中国博士后科学基金会从2013年起实施博士后优秀学术专著出版资助工作。经专家评审，评选出博士后优秀学术著作，中国博士后科学基金会资助出版费用。专著由科学出版社出版，统一命名为《博士后文库》。

资助出版工作是中国博士后科学基金会"十二五"期间进行基金资助改革的一项重要举措，虽然刚刚起步，但是我们对它寄予厚望。希望通过这项工作，使博士后研究人员的创新成果能够更好地服务于国家创新驱动发展战略，服务于创新型国家的建设，也希望更多的博士后研究人员借助这颗"金种子"迅速成长为国家需要的创新型、复合型、战略型人才。

中国博士后科学基金会理事长

序　言

　　人类很早就从植物中看到了数学思想：花瓣对称地排列在花托边缘，整个花朵几乎完美无缺地呈现辐射对称形状，叶子沿着植物茎秆相互叠起；有些植物的种子是圆的，有些呈刺状，有些则是轻巧的伞状……所有这一切向我们展示了许多美丽的生物数学思想。

　　生物数学思想真的是很自由、很有青春气息的思想，它兼有生命科学思想和量化科学思想的特征。我不知道你是否能感受到利用生物数学思想解决生物学难题时的快感，不知道你能否感受到生物数学思想随其实践而活跃起来的奔放，还有生物数学思想带给你的刺激。我将从生物数学思想研究者的角度带你去享受生物数学思想带来的幸福和快乐。不过想要享受其中的快乐，是要付出的。一开始探索生物数学思想也许很容易被挫败信心，但是一句话，"不要在意那些细节"。不管你以怎样的心态来体验生物数学思想的发展路途，你都要做好努力付出的准备，并且要坚持下去。我只是想说，如果你选择了研究生物数学思想，你就多爱它一点，它会翻倍回报你的；如果你不想让解决生物学难题变成一种单调乏味并且没有头绪的工作，那你就应当走上体验生物数学思想的这条幸福的道路上来。希冀你能通过本书打开思路，了解生物数学思想是如何在已有思想基础上，对多种思想进行选择和组合、调整和生成新思想，以改变以往处理生物学难题的方式，使解决生物学难题的思想产生实质性的变化，进而促进生物数学思想的发展。

　　作为一名来自农林院校的生物数学教师，我从 2006 年开始接触生物数学思想，到现在已近十年了。无论怎么看，生物数学思想都与我的职业生涯和事业发展很有缘分。刚近距离接触生物数学思想时，应该每个人的感觉都出入不多吧。没想到我随手写的一篇生物数学文章在《西北大学学报（自然科学版）》上发表次日即被数十位学者转载或引用，我后来尝试了许多生物数学思想模式，没想到我误打误撞地走进了生物数学思想的世界外围。

　　学科交叉成为"生物数学思想"的生长点，然而生物数学思想的发展并不是一帆风顺的。生物数学思想的演变过程是生物数学家们克服困难和战胜危机的斗争过程，是蕴涵了丰富的生物数学思想的发展过程。"生物数学思想"作为近现代科学中最令人震撼的创造之一，凝聚着大量生物数学家心智奋斗的结晶。对许多人来说，在享受着这些结晶所带来的幸福生活时，应该去了解其结晶的过程。从这个角度来看，研究生物数学思想确实是"有用的"，而以往对生物数学思想的产生与发展关注不够，相关研究成果较少。

随着生命科学的迅速发展，生物数学这门具有丰富数学理论基础的交叉学科在其中发挥着日益重要的作用。生物数学为生命科学提供了强大的理论保证与快捷的计算工具，并有助于人们更早地发现和掌握自然界的生态规律，从而更好地利用自然、改造自然，优化资源配置和生态环境管理。特别到了现代，生物数学的理论成果已广泛应用于作物育种、生物群落的格局、森林开发、病虫害防治、污染物治理、疾病分析等众多领域。然而，要掌握最新的生物数学理论，仅仅学习理论知识是不够的，人们有必要了解生物数学的产生和发展过程。这对于人们理解生物数学起着极其重要的作用。但遗憾的是，目前国内外还没有一部研究生物数学思想的专门著作，其原因众所周知：一是客观原因，凡生物数学思想研究，都存在资料、语言以及文化背景上的困难；二是主观原因，不具备扎实的生物数学功底、广泛的科学知识，便难以驾驭生物数学知识及其思想。生物数学思想研究的滞后，不利于生物数学的学科建设。现在备受关注的是，一方面关乎生物数学思想研究的深度，另一方面影响到生物数学思想与生物数学教育乃至生物数学研究的关系问题。那么当务之急，就是要提高生物数学思想研究著作的学术水准！既要达到一定的学术深度，又要上升到一定的思想高度，而本书就是朝着这个方向努力的。

一部有较高水准的生物数学思想研究学术专著，其坚实基础在于对生物数学思想发展的主流有扎实的把握，对生物数学思想发展的规律以及未来趋向有科学的预见，只有这样，才能跳脱传习偏嗜之见与模式框架，真正将有漫长进程、内容庞杂的生物数学思想体系打通，厘清脉络，无蹈人云亦云之弊，做到有学术深度、贯穿古今、预测未来。本书从生物数学思想的起源入手，最后走向生物数学学科形成及发展的曲折历程，试图做引玉之砖，为生物数学思想研究做一点铺垫。希望读者能够通过本书把生物数学思想读"薄"，不至于看到浩如烟海的生物数学思想资料就觉得"头大"，有找不着方向的感觉，而一旦没有了方向，就必迷失于其中。

本书不流于罗列生物数学家、生物数学思想分支的一般描述，不限于重大生物数学思想事件的编年式的记录，而是在生物数学思想发展的来龙去脉上下工夫。通过透析生物数学思想演变的内在逻辑，窥觅到了它的产生和发展是环环相扣的有机的统一体，为理解生物数学思想拨开云雾，为生物数学思想的发展厘清脉络。

衷心感谢中国数学会生物数学专业委员会理事长陈兰荪教授在百忙之中先后十几次寄给我的与中国生物数学思想发展相关的珍贵图片和资料，并鼓励我将研究成果和撰写的研究论文整理成书出版，以便早日填补国内相关著作的空白。同时，感谢我的恩师李文林先生(中国科学院数学与系统科学研究院数学研究所研究员)长期以来对我的支持与鼓励，尤其是李先生为我提供了在中国科学院图书馆专心查阅生物数学思想相关文献的优越条件。我还特别向西北大学数学学院曲安京教授表达我的感激之情。本书的许多思想都是在他们的启发下产生的。

序 言

本书的初稿是我在法国国家科学研究院 (CNRS) 做博士后研究之余完成的, 亲历了法国科学院关于生物数学思想领域研究方向的多样性以及学术交流的互动, 开阔了理解、处理问题的视野, 增长能力的同时精益学术。

在写作本书过程中, 参阅了大量国内外有关文献, 并引用了其中的一些资料, 部分已注明出处, 限于篇幅, 仍有部分文献未列出, 我对这些文献的作者表示由衷的感谢和歉意。本书原计划就生物数学的发展趋势展开深入讨论, 并对生物数学思想演变过程中一些著名论战进行专题研究, 而由于力所不逮, 这些原拟详论的问题书中只能触及皮毛, 深感遗憾。然而, 我决心今后继续努力, 踏实钻研, 争取在生物数学思想的进一步深入研究中做出有意义的工作。

在写作本书过程中, 作者得到西北农林科技大学科研启动基金项目"生物数学思想研究"(项目批准号: Z109021119)、中央高校基本科研业务费专项资金项目 (项目批准号: 2014YB030)、教育部海外名师项目 (项目批准号: MS2011XBNL057) 资助, 谨此致谢。唯学殖荒陋, 心力难济, 疏漏必多, 误解亦复不免, 祈盼方家、读者校正。

昨晚睡得很晚, 可还没睡到三小时就被自己的梦痛醒了。我梦见已故的父亲, 他看着我笑, 亲切的笑容, 包容的笑, 我追悔没有好好陪伴父亲, 梦里哭得撕心裂肺, 可醒来还是一滴泪都没有, 但是心却是真的很痛。自幼观父对人类思想之探索, 富热情, 常难忍思想一成不变。以前总是看到父亲伏案忙碌, 没想到自己终也成了其中的一员。如今儿子能在生物数学思想研究上有所建树, 也是他的期望。看着父亲留下的各类草本植物, 能被我侍弄好的所剩无几, 我只能嘲弄自己, 能在我手下存活的, 必须得是坚强的。没想到那看似娇嫩的君子兰本已枯萎凋零得看不出一丝生机, 被不死心的我抱上阳台之后, 居然一点点长出了尖尖的新芽来, 含苞欲放, 令我欣喜不已。"寒冰不能断流水, 枯木也会再逢春。"看来, 只要坚持, 不放弃, 在心灵的塑造中就会有意想不到的际遇等着你。走笔至此, 回想人生历程, 不禁感慨万千, 因此嵌诸数字戏为七言八句, 作本序之结束语, 似乎在叙述一些生物数学思想, 但所流露的分明是一种生活的情绪。诗曰:

> 半岁能知六七八, 一生只应钻数熵。
> 学算曾游四万里, 思想新作九千行。
> 归来又变人之患, 年近五乘二立方。
> 苦心八载完心愿, 此后长年三倍忙。

赵 斌
2015 年 12 月 1 日

目 录

第1章 绪论 ··· 1
  1.1 选题背景与意义 ·· 1
    1.1.1 背景 ··· 1
    1.1.2 意义 ··· 6
  1.2 研究思路与创新点 ··· 7
    1.2.1 研究思路 ··· 7
    1.2.2 创新点 ·· 7
  1.3 什么是生物数学——历史的理解 ······································· 8
    1.3.1 生物数学概念厘定 ·· 8
    1.3.2 生物数学的主要分支 ··· 9

第2章 生物数学思想的诞生：从沈括的种群模型到混沌种群动态数学模型 ···· 10
  2.1 沈括的种群模型 ··· 11
  2.2 斐波那契的种群动态数学模型 ·· 12
  2.3 徐光启的人口增长模型 ··· 14
  2.4 格朗特的生命表模型 ·· 14
  2.5 欧拉的人口几何增长动态数学模型 ···································· 15
  2.6 传染病动态数学模型 ·· 16
  2.7 马尔萨斯模型 ·· 19
  2.8 逻辑斯谛模型 ·· 21
  2.9 洛特卡-沃尔泰拉模型 ··· 25
  2.10 洛特卡-沃尔泰拉模型的扩展模型 ··································· 30
  2.11 单种群扩散动态数学模型 ·· 35
  2.12 多种群扩散动态数学模型 ·· 37
  2.13 复合种群动态数学模型 ··· 38
  2.14 霍林种群动态数学模型 ··· 39
  2.15 混沌种群动态数学模型 ··· 41
  2.16 小结 ··· 44

第3章 生物统计学思想的起源与发展 ································· 45
  3.1 拉普拉斯思想 ·· 46

3.2 凯特勒特思想 · 47
3.3 孟德尔思想 · 48
3.4 高尔顿思想 · 48
3.5 卡尔·皮尔逊思想 · 49
3.6 戈塞特思想 · 51
3.7 费希尔思想 · 53
3.8 奈曼-伊亘·皮尔逊假设检验理论 · 55
3.9 生物统计学常用术语与指标的产生 · 56
 3.9.1 总体与样本 · 56
 3.9.2 参数与统计量 · 57
 3.9.3 试验设计法 · 59
 3.9.4 点估计 · 59
 3.9.5 区间估计 · 61
 3.9.6 假设检验 · 61
 3.9.7 统计决策理论 · 61
3.10 元分析生物统计思想 · 64
 3.10.1 元分析与确定性模型 · 65
 3.10.2 元分析与随机性模型 · 67

第 4 章 数量遗传学思想的产生和发展 · 69
4.1 孟德尔与数量遗传学 · 69
4.2 哈代-温伯格遗传平衡定律 · 72
4.3 摩尔根思想 · 75
4.4 数量遗传学思想的产生与发展 · 80
4.5 沃森-克里克脱氧核糖核酸右手双螺旋结构 · 83
4.6 木村兹生思想 · 84
4.7 拓扑数量遗传学思想 · 85

第 5 章 数学生态学思想的产生和发展 · 86
5.1 奥德姆思想 · 86
5.2 麦克阿瑟思想 · 87
5.3 罗伯特·梅思想 · 88
5.4 数学生态学中的牛顿定律 · 89
5.5 数学生态学中的模糊数学思想 · 90

第 6 章 生物信息学思想的起源与发展 · 93

	6.1 遗传算法思想的产生和发展 · 95
	6.2 生物网络数学模型的产生和发展 · 97
	6.3 生物信息学中的主要数学思想 · 103

第 7 章　五位重要人物对生物数学思想发展的影响 · · · · · · · · · · · · · · · 106
   7.1　孟德尔对生物数学思想发展的影响 · 106
   7.2　沃尔泰拉对生物数学思想发展的影响 · 111
   7.3　高尔顿对生物数学思想发展的影响 · 118
   7.4　费希尔对生物数学思想发展的影响 · 122
   7.5　拉谢甫斯基对生物数学思想发展的影响 · · · · · · · · · · · · · · · · · · · 124

第 8 章　生物数学思想的社会化及发展方向展望 · · · · · · · · · · · · · · · · · · 130
   8.1　生物数学思想的社会化 · 130
      8.1.1　生物数学专门期刊的创办 · 130
      8.1.2　生物数学专著的出版 · 131
      8.1.3　生物数学社团的成立 · 131
      8.1.4　生物数学奖励 · 132
   8.2　生物数学的发展方向展望 · 136
      8.2.1　生物数学将广泛渗透与应用于生物医学 · · · · · · · · · · · · 136
      8.2.2　多物种复合种群模型将趋于成熟 · · · · · · · · · · · · · · · · · · 147
      8.2.3　将创造出更适合于生物学的新数学 · · · · · · · · · · · · · · · · 151

第 9 章　中国生物数学：从摸索到辉煌 · 156
   9.1　生物数学思想在中国的早期发展 · 156
      9.1.1　6 位学者的开创性工作 · 156
      9.1.2　数学生态学学术活动 · 161
      9.1.3　生物数学讨论会 · 162
   9.2　中国生物数学教育的兴办 · 162
   9.3　生物数学社团的产生 · 165
   9.4　生物数学专门期刊的创办 · 165
   9.5　生物数学专著的出版及重要记载 · 167
   9.6　生物数学学术会议频繁开展 · 168
      9.6.1　全国性生物数学学术会议 · 168
      9.6.2　省级生物数学年会 · 171
      9.6.3　国际生物数学学术会议 · 172
      9.6.4　双边生物数学会议 · 173

  9.7 小结 ··· 174
参考文献 ·· 175
索引 ··· 194
结束语 ·· 198
编后记 ·· 199

第1章 绪 论

1.1 选题背景与意义

1.1.1 背景

生物数学思想是生物学与数学融合的产物,是生物数学的灵魂,是人类认识自然、改造自然的智慧结晶。

近年来,生物数学思想日渐显示出它的重要作用。随着生物技术的快速发展,无处不在的计算生物模拟(建立在生物数学概念和方法的基础上)和很多生物学问题研究所产生的呈指数级增长的大量不同类型、不同来源、不同层次的生物数据,迫切需要通过新的生物数学思想集成生物数据的大容量、高速率和多变性,从那些看上去杂乱无章的生物学观测数据中挖掘其内在规律,进行综合、多角度处理,以便将所要研究的问题本质清晰地抽象出来,进而提出假设或得出可靠的结论。生物数学思想为生物多样性与重大慢性多发疾病防治与健康管理和传染性疾病防治中的一些关键技术提供了理论模型与分析方法。生物数据量越大,复杂性越强烈,生物数学思想推进生物学和数学之间联系的作用就越加重要。

从1974年生物数学被联合国教科文组织列为一门独立学科开始,生物数学进入了快速发展期,至今已经四十多年。生物数学在广泛的应用中建立和完善自己的思想体系,发展出了许多适应于生物学特点的独特数学思想[1]。目前,生物数学已经成为一门比较完整并且相对独立的学科。中国于1992年制定和发布的《学科分类与代码》(GB/T 13745—92)亦将生物数学列为一门独立学科。

20世纪初至21世纪,生物科学的发展突出表现在生物科学和数学的结合上。在此过程中,形成了如今生物数学研究中的许多热点分支:生物统计学、数量遗传学、数学生态学、生物信息学、分子进化和发育、系统生物学、计算生物学、群体遗传学、生物动力学等。

生物数学是近现代应用数学中有着最大进展和发展潜力的领域,数学几乎所有的分支都已经渗透到了生物学中,并产生了许多对理论数学不具有普适性,但却很适合于解决生物学问题的专门技巧与方法[2]。

关于生物数学起源的确切日期,由于人们总能找到更早些的时间点作为生物数学的起源日期,所以生物数学的起源日期应该为某段时期,而不可能为某个时间点。

关于生物数学形成的日期，可以确定为 1939 年。这是因为在 1939 年，拉谢甫斯基 (Nicolas Rashevsky, 1899—1972) 在英国创刊《数学生物物理学通报》(*Bulletin of Mathematical Biophysics*)，这一事件标志着生物数学正式形成一门学科。拉谢甫斯基于 1972 年将该杂志更名为《数学生物学通报》(*Bulletin of Mathematical Biology*)。该杂志全年共 6 期，由 Elsevier Science 出版社出版，主要刊载生物数学理论与实验研究、数学家与生物学家之间的学术交流简讯，以及生物数学教学辅导性文章[3]。

生物在其成长过程中的变化状态有些是连续的，也有些是离散的，如生物繁殖、细胞分裂等。数学分析问世后，特别是极限的理论完备后，在一定的条件下可以将生物学中某些离散现象理解为是几乎处处连续的，当然也考虑其中可能存在的不连续点，不过那些不连续点只是可数多个，由这可数多个不连续点所构成的集合的测度为零。同时，在生物界，美是往往被大大地利用着的。比如，自然增长的极限 e(等于 $2.718281828\cdots$)，以 e 为底的自然对数等。许多植物都生了很好看的花叶；许多禽兽都长着很美丽的毛羽。这些植物、禽兽的美，据生物学者的考察，都不是徒然为点缀这个世界而滋长，各自有其目的。许多植物利用好花、好叶以诱引虫鸟传播生殖机能，许多禽兽利用羽毛美奂博取异性之欢心 …… 所有这一切向我们展示了许多美丽的数学模式。人类是宇宙间顶有生机、顶有生活能力的动物，于是，它就能更普遍、更深刻地利用内在的数学模式。

汤普森 (d'Arcy Wentworth Thompson, 1860—1948) 于 1917 年写过一部巨著《生长与形态》，其中详细说明了离散现象是大量存在的[4]。

右端不连续微分方程在生态系统和渔业捕获研究中常常被利用。对于连续函数出现奇点或不连续点 (包括导函数不连续点) 的区域一般都是生物学现象研究中需要重点解决的问题。

生物数学模型能够表现和描述生物学中的某些现象、特征及规律，它对所描述的生命现象进行量化，将复杂的生物学问题转变成数学模型的求解，然后通过对数学模型进行逻辑推理和运算，得到客观关于生命现象的有关结论。数学发展到今天，已经可以处理确定性的非线性生物模型及随机性的线性生物模型，并且在处理随机的非线性模型方面也取得了一些进步。此外，近现代数学使生物学中的离散现象和突变现象能够用离散数学与图论解释，从而突破了数学分析等主要传统数学分支只能有效处理连续性生物学问题的限制。

1965 年，美国加利福尼亚大学数学家扎德 (Lotfi Asker Zadeh, 1921—) 在他发表的开创性论文《模糊集合》中提出模糊理论[5]。该论文一问世，很快应用于生物学，使生物学中大量存在的模糊对象与现象实现了数量化，并为进一步进行数据分析等处理做好了量化准备。以模糊集合为基础的模糊数学使生物现象中的许多模糊现象能够用比较精确的数字来描述。模糊数学在生物学中的广泛应用以及快速发展的现实，使它在当初学术上的激烈争辩之中确立并巩固了自己的地位。

随着数学理论本身的快速发展，生物学中大量存在的二元不连续特性可以用"布尔代数"进行描述。英国数学家布尔 (George Boole，1815—1864) 是第一位成功建立逻辑演算的科学家。他于 1847—1854 年创立了运用于逻辑运算的"布尔代数"[6]，使数理逻辑发展为数学的一个重要分支。现在布尔代数的内容已经从以传统的演绎逻辑为对象的最狭义数理逻辑，概括到最广义的归纳逻辑，对逻辑学和数学及计算机科学技术的发展都发挥了重要的作用。

当今几乎所有的生物数学应用工作都会产生大量的数据，必须借助计算机才能实现对这么多数据进行有效处理。高性能计算机的介入使脱氧核糖核酸 (DNA) 序列测定技术快速发展。计算机等信息技术的快速发展使数学能够更加广泛地应用于生物学，从而产生了许多新的生物数学分支 (如生物信息学)[7]，加快了从偶然性中发现必然性的速度。

最近几十年，随着基因组学的发展，生物学家越来越体会到数学的重要性。比如，借助基因误差变量联立方程组，可以通过观测到的表现型值研究在各种不同情况下全体基因型的变化，进而找到一种酵素，使 B 型红血球转为 O 型红血球。拓扑学，特别是其中的纽结理论为解开 DNA 双螺旋结构之谜提供了一把钥匙，并因此解释了 DNA 和蛋白质这两类最重要的生物大分子选择螺旋作为其空间结构基础的数学原因[8]。而数理统计应用于遗传学，概率论应用于人口统计和种群理论，微分方程应用于各种生物数学模型的建立，布尔代数应用于神经网络描述等，这一切已构成了"生物数学"的丰富内容[9]。

一方面，数学推动了生物学的发展，使生物学从经验科学上升为理论科学，由定性科学转变为定量科学；另一方面，人们在利用数学研究生物现象与生物问题的过程中，也得到一些新的数学定理，并给数学工作者提出了许多新课题，从而也推动了数学理论的发展，例如：

(1) 斑德尔特-拽斯裂解定理。

该定理由德国汉堡大学数学系的斑德尔特 (Hans-Jürgen Bandelt，1951—) 教授和比勒费尔德大学著名的生物数学家拽斯 (Andreas Dress，1938—) 教授于 1992 年在研究有限集合上的正则分解理论时提出[10]。斑德尔特-拽斯裂解定理在进化生物学中为生物系统的重建提供了一个多面体组合学的研究框架。

(2) 湃齐特-斯派尔重构 (依据子树权重) 定理。

该定理由湃齐特 (Lior Pachter) 和斯派尔 (David Speyer) 于 2004 年提出[11]。湃齐特-斯派尔重构 (依据子树权重) 定理在生物统计学中有较多应用。

(3) 布科尹斯喀-维希涅夫斯基树的环面族定理。

该定理由布科尹斯喀 (Weronika Buczynska) 和维希涅夫斯基 (Jaroslaw Wisniewski) 在 2007 年发表的《进化树上的二元对称模型的几何形状》中给出[12]。布科尹斯喀-维希涅夫斯基树的环面族定理指出：当 T 跑遍有 $n+1$ 片叶子的内度为 3 的树的组合形时，所有的环面族都将落入射影空间上的希尔伯特概型的同一个连通分支。特别地，这些环面族对应的凸多面体有相同的 Ehrhart 多项式。

(4) 埃利萨尔德-伍兹极少量推断函数定理。

该定理是埃利萨尔德 (Sergi Elizalde) 与伍兹 (Kevin Woods) 于 2007 年在进行生物序列分析中的基因预测与基因比对的研究中提出的[13]，其目标是探询两个基因组之间的生物学关系。埃利萨尔德-伍兹极少量推断函数定理说明：只有很少的函数能够成为真正的推断函数。它在生物医学中的应用十分广泛。

数学与生物学经过一定时间的结合与相互促进，最终促成了生物数学思想的诞生[14]。

近一个世纪，生物数学得到飞跃式的发展。其标志是：

(1) 在生物学的柱石——生物进化研究的推动下，生物统计学得到快速发展。1901 年，英国生物统计学家高尔顿 (Francis Galton, 1822—1911) 和他的学生卡尔·皮尔逊 (Karl Pearson, 1857—1936) 共同创办的《生物统计学》杂志，使卡尔·皮尔逊成为描述统计学的旗帜；而费希尔 (Ronald Aylmer Fisher, 1890—1962) 于 1934 年创立了"试验设计"等，成为推断统计学的旗帜[15]。

(2) 20 世纪初，奥地利生物统计学家孟德尔 (Gregor Johann Mendel, 1822—1884) 的两个遗传定律被重新发现；同时，在美国著名生物遗传学家摩尔根 (Thomas Hunt Morgan, 1866—1945) 的领导下，他与其学生们发现了连锁与交换遗传定律，确认了基因位于染色体上，并利用连锁分析实现了基因在染色体上定位，这使摩尔根学派成为经典遗传学的主流。

(3) 对达尔文进化学说进行了两次修正。第二次修正借助于数学家与遗传学家的结合，并形成了群体遗传学的学科体系；1968 年，日本数量遗传学家木村兹生 (Kimura Motoo, 1924—1994) 通过对肌球蛋白、细胞色素 C 及丙糖磷酸脱氢酶的计算提出了生物进化的"中性理论"，使进化研究进入分子时代[16]。木村兹生发现：进化的平均速率为平均每 100 个氨基酸在 2.8×10^7 年中将有一个氨基酸被取代，而核苷酸的取代速率却是平均每 2 年被取代一个，如此高的取代速率使木村兹生推测出种群内的很多突变都是选择"中性"的。中性理论的内容包括"没有自然选择的 DNA 进化速率更快"——可理解为最幸运者生存。在建立中性理论时，木村兹生既批判又延伸了群体遗传学。但中性理论以突变和遗传漂移解释进化速率及核苷酸多态水平，故该理论还不足以解释复杂的生命及其适应性，尤其是网络般的基因群及细胞信号系统进化。

(4) 在微效多基因学说基础上，费希尔把基因型值分解为加性、显性和上位效应三个部分，并给出统计分析方法，形成了"数量遗传学"的理论框架，为育种分析提供了理论基础和方法。

(5) 1953 年，美国生物学家沃森 (James Dewey Watson，1928—) 和英国数学家克里克 (Francis Harry Compton Crick, 1916—2004) 在前人研究的基础上，结合对 DNA 的 X 射线衍射研究，提出 DNA 双螺旋空间结构模型和 DNA 自我复制的机理，解决了遗传信息世代的传递问题，使生物学研究工作进入分子生物学时代[17]。

(6) 1962 年，美国著名数学生态学家奥德姆 (Howard Thomas Odum, 1924—2002) 的生态系统研究，将生态学与数学完美结合起来，推动了数学生态学的形成与飞速发展。

(7) 自 1993 年以来，人们提出以基因重组技术为核心的分子生物技术，并于 2003 年完成人和各种模式生物基因组的测序，第一次揭示了人类的生命密码，使分子生物学进入后基因组时代。

(8) 生物动力学方法的提出和发展。其中，具有代表性的是关于生物种群方程的研究[18]，并进一步涉及混沌现象[19]、突变理论，分维现象[20] 的数学表达和研究等。

当前，生物学领域中的每一项重要进展，几乎都离不开对严密数学方法的利用。数学对生物学的渗透，已经使人们对生物系统的刻画越来越精细。生物本身是一个复杂的有机体，在得到一些整体的、模糊的、初步的认识之后，生物学理论研究的逐渐细化似乎显得不可避免。研究者在逐渐细致地掌握复杂系统的各个要素、各个方面之后，才能够理直气壮地进行综合，并得到全新的、更加完善的整体认识，这为生物理论的数学化、精确化提供了条件[21]。而数学渗透到物理学、天文学、化学等方面所取得的经验，也自然地向生物学渗透，这更加速了生物数学的产生与发展[22]。

几乎所有的生物系统都是非线性的，基本上都具有开放性、对称破缺、不可逆性、遍历性和不确定性。事实上，正是由于非线性的存在和作用，才孕育出生命现象的五彩缤纷、万千气象，人类社会的风云变幻，人类思维的错综差异。它们具有两个共同特点：①生物系统最终的控制方程均为非线性微分方程或关于状态变量的离散方程；② 线性叠加原理在整体上不成立，最多只在局部近似成立。对于非线性生物学问题应用线性问题中的这些求解方法将导致不真实甚至不合理的结果；适用于线性问题的解析法对于非线性生物学问题无能为力，生物学复杂问题一般无解析解，通常均需采用数值方法或不连续微分方程求解。

通过查找中国与法国国家图书馆的书库、中文数据库、外文数据库以及两大学术搜索引擎 http://www.scirus.com/ 和 http://scholar.google.cn/ 等发现：在生物数学思想上做研究的学者很少，而且研究不深入，目前尚未发现国内外有全面系统讨论生物数学思想的论著，有的学者只是在相关杂志或专著中用很小的篇幅提及。比如 1977 年，齐题尔 (M.K.Chytil) 在分析了历史上出现的各种不同的生物数学概念后，发表了论文《生物数学的概念》，但这篇论文没有深入探讨生物数学思想的起源与形成的背景；还有一些文献仅谈论某个生物数学家的生活轨迹及所取得的成就，没有真正探讨生物数学思想起源与形成的过程[23]。

借鉴法国著名数学家庞加莱的一句名言，笔者认为："如果我们希望预知生物数学思想的将来，最合适的途径就是研究生物数学思想的历史和现状。"那么，笔者认为有必要对生物数学思想的产生与发展过程做一个详细整理。本书对生物数学思想发展的本质要素所进行的整理分析，也不只是为了将人类这种创造性的文化保存下来，更重要的是给生物数学思想未来的发展指出方向、做出铺垫。

至今，国内外尚未出现对生物数学思想进行专门研究的论著，笔者认为其原因主要有以下三个方面。

(1) 思想家认为生物数学思想的研究不是当前研究的主流，缺乏对其进行研究的动力；

(2) 数学家或生物学家忙于在当今方兴未艾的生物数学这个新领域上驰骋，无暇顾及生物数学思想的研究；

(3) 在生物学进展到分子水平的今天，沉醉于 DNA 双螺旋的发现，并试图将一切生命现象的源头上溯到双螺旋片段的生物数学家似乎已无心回眸生物数学思想产生和发展的过程。

然而，要更好地理解生物数学思想的基本特点，仅仅学习生物数学思想现有理论知识是不够的，人们必须了解生物数学思想产生和发展的过程。只有仔细研究生物数学思想产生的艰难历程，即研究清楚早期的、必须逐个加以否定的一切错误假定，也就是说弄清楚过去的一切失误，才有可能真正彻底而又正确地理解生物数学思想的本质，从而找到解决当前生物数学难题的新方法。因此，可以说不了解生物数学思想产生和发展的过程就不可能全面了解生物数学思想。

生物数学思想的科学大厦是一层一层地建起来的，上层理论离不开下层理论的支持。如果想掌握生物数学思想的最新发展动态，就需要首先理解过去所提出的生物数学思想，而且单单理解还不够，还需要了解它们之间的关系，即上层理论是如何以下层理论为基石的。因此，很有必要了解生物数学思想起源与形成的过程，了解生物数学思想的发展历程，从而了解它们之间的关系，进而加深对生物数学思想的理解。

综上所述，有必要及时对生物数学思想起源与形成的历程进行反思。就生物数学这门学科目前的整体发展情况而言，其实它早已向这些近现代数学思想研究者发出了这样的要求，促使人们对生物数学思想进行回眸、反思与展望。

1.1.2 意义

(1) 由于目前国内外尚未出现对生物数学思想进行专门研究的论著，所以本书对生物数学思想的起源与形成过程所作的详细梳理将填补这方面研究的空白，并可为相关学者开展生物数学思想的后续研究提供新的参考资料和线索。

(2) 在本书的写作过程中，我们首先以在生物数学思想中运用最为广泛、深入，并且发展最为系统和成熟的"种群动态数学模型"[24]的产生和发展过程作为突破口，进行研究和描述，这对于接下来详细地考察生物数学四大分支起源与形成的过程，较全面地概括5位关键人物在生物数学思想上所作的贡献，并对生物数学思想在中国的传播与发展进行专题研究，清晰地展现生物数学思想产生与发展的过程，探索了一种新的表述方式。

(3) 目前生物数学中有许多难题还没有找到新的方法加以解决，对生物数学思想产生和发展过程的研究，如同生物数学难题研究本身一样，既充满兴趣和困难，又显示其必要性。而研究生物数学思想的起源与形成过程将有助于弄清过去的失误，从而真正彻底而又正确地理解生物数学的本质思想，以便找到解决当前生物数学难题的新途径。

(4) 现代社会的发展离不开生物数学思想，生物系统的复杂性与人类社会相仿，因此，还可以说生物数学思想是现代社会文明的缩影。对于每一个希望了解现代社会文明的人来说，生物数学思想是必读的篇章。因此，生物数学思想无论对于深刻认识作为科学的生物数学本身，还是全面了解现代社会文明的发展都具有重要意义。

1.2 研究思路与创新点

1.2.1 研究思路

对生物数学的思想体系进行整体梳理 → 把握生物数学思想产生与发展过程中各个阶段的关节点 → 选择一类具有代表性的种群动态数学模型的产生和发展过程作为突破口 → 通过猜想，重新构造各个阶段的关节点产生原因 → 以相关原始文献验证上述猜想。

1.2.2 创新点

① 首次对生物数学思想产生和发展的过程进行了较为全面系统的梳理，勾勒了生物数学思想的历史脉络，弥补了以往相关工作的不足；② 选择了生物数学中运用最为广泛、发展最为系统的"种群动态数学模型"作为切入点，探索了生物数学思想的起源与形成，指出了该类生物数学模型经历的15种形态；③ 对生物数学四大分支的起源与形成过程进行了考察，对5位关键人物在生物数学思想上的贡献作了较全面的概括；④ 对生物数学思想在中国的传播与发展进行了专题研究。

1.3 什么是生物数学——历史的理解

生物数学不能简单地理解为数学在生物学上的应用，它有许多对理论数学不具备普适性，但却很适合研究生物学问题的独特技巧与方法。下面首先对其概念进行厘定。

1.3.1 生物数学概念厘定

首先，生物数学中的"生物"这个名词是由法国学者拉马克 (Jean Baptiste Lamarck, 1744—1829)(图 1.1) 于 1802 年在他出版的《水文地质学》中最早提出的[25]。拉马克为动植物学的分类和生物进化论提出了许多新的理论。他把蠕虫和昆虫这两类无脊椎动物分为 10 个不同的纲。他的分类后来成了现代生物分类学的基础。另外，他还通过研究动物习性与器官的相互作用提出了"用进废退""获得性遗传"两条规律，因而有些学者认为是他把生物学引进到一个新时代。

图 1.1 拉马克

1937 年，英国生物学家伍杰 (Joseph Henry Woodger, 1894—1981) 开始构建具有自身"思维方式"的生物学，使其获得"自主"，可以与数学自由结合，并给出了"生物数学"这个新名词[26]。

1972 年，罗森 (Robert Rosen, 1934—1998) 给出了关于生物数学的定义：生物数学是研究生物的数量性质与空间格局的科学，是应用数学的理论和方法研究生物学中的问题和数据的科学[27]。

1977 年，齐题尔专门分析了历史上出现的各种生物数学概念，并发表了论文《生物数学的概念》[28]。他通过归纳、总结后认为：生物数学是生物学与数学互相渗透而形成的一门初见雏形，正处于发展形成中的交叉学科。笔者参照现在普遍接受的关于数学概念的定义，认为：生物数学是研究生物学中数量关系与空间结构的科学。

1.3.2 生物数学的主要分支

生物数学已经具有比较完整的理论基础，它的应用已经遍及生物学的几乎所有领域。其中，生物统计学、数量遗传学、数学生态学、生物信息学可作为其四大分支。图 1.2 中的左边 4 个分支是按所涉及的不同数学方法来分类的，右边的 11 个分支是按所研究的生物学对象中的不同子分支来分类的。它们紧密联系，相互影响，共同组成了生物数学这个庞大的学科[29]。

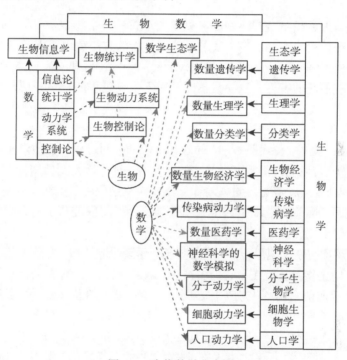

图 1.2　生物数学分支图

第2章 生物数学思想的诞生：从沈括的种群模型到混沌种群动态数学模型

生物学与数学相结合的一种非常重要的形式就是生物数学模型。特别是对于情况非常复杂的生物系统而言，只采用传统实验的方法就很难把握整个系统的特性，而借助生物数学模型不仅可以加深人们对系统内在机理的认识，还可以通过计算机模拟发现系统的特性。生物数学模型对于生物过程的理性分析、定量化研究具有重要作用。通过相应的生物数学模型可以抽象出所要研究的生物学现象的本质，使得基于生物数学模型进行的生物实验不再是一种随意的探索，而更多地依赖于抽象和理性，变成"受设驱策法"的理性实验[30]；通过对生物数学模型的逻辑推理、深入分析，可以帮助解释和预测生物学现象，评估所得到的结论，发现新的生物问题及其本质特点。在已经进入对微观生物学复杂现象研究的今天，人们越来越多地看到顶级国际杂志发表生物学家和数学家合作完成的从生物数学建模到分析再到反馈的整个过程。

生物学现象与物理现象、力学现象甚至化学现象相比较，有着一些非常明显的不同特点：① 生物的特点在于它的多样性，即差异性。"没有完全相同的两个生物个体"，因为有时两个同种生物个体之间在某个性质上的差异甚至可以超出不同生物种群之间的差异。例如，2000年6月，西北农林科技大学克隆出的两只世界首批成年体细胞"克隆山羊"的不同表现性状说明：即使克隆生物也存在差异；② 生物与所处生态系统中的很多因素相关，决定了生物学现象的复杂性，这种复杂性是物理、力学和化学无法比拟的；③ 生物所具有的"记忆力"使其能够"进化"，在生物与环境的协同进化中所发生的变异，导致"同一种群"与"同一生态系统"在不同时间可能有着不同的关系。上述三个特点决定了在生物数学模型中几乎不存在普遍适用的"生物常数"和所谓的"确定性生物模型"，甚至难以定义什么是测量生物对象的"真值"。

由于生物数学的发展进程主要是通过符合生物学发展规律的数学模型的不断完善来实现的，所以首先选择一类具有代表性的生物数学模型，对其产生和发展过程进行研究，可以使生物数学思想史脱离"理不出头绪的复杂、无止境且又无结果的危险境地"[31]。

迄今为止，种群动态数学模型是生物数学中运用最为广泛和深入，发展最为系统和成熟的一类模型。种群动态数学模型研究的是种群的数量、空间和结构动态等。它可用于描述种群与环境以及种群与其他种群之间相互作用的动态关系，并可用于解释、预测、调节和控制物种的发展过程和趋势。建立种群动态数学模型的思想及其方法不仅直接推动了生物数学学科的起源与形成，而且对生物学其他领域的发展也产生了重要影响。因此，研究这类模型的产生和发展对于认识生物数学思想具有重要意义，但是目前国内对此尚未进行专门论述。

2.1 沈括的种群模型

中国北宋科学家沈括 (1031—1095)，杭州钱塘县 (今浙江杭州) 人 (图 2.1)，中国历史上最卓越的科学家之一。他精通数学、天文、物理学、农学和医学等。

图 2.1 沈括

1088 年，沈括在其 26 卷的科学巨著《梦溪笔谈》(图 2.2) 的《卷七·象数一》(图 2.3) 中，曾用"纳甲法"观察到出生性别大致相等，并推出"胎育之理"的数学模

图 2.2 梦溪笔谈

图 2.3 卷七·象数一

型，说明了出生婴儿性别大致相等的规律[32]。该模型是目前所发现的史料中，最早记载的种群动态数学模型。另外，沈括还是史料记载中第一个认为地质上的化石代表了古代植物遗体，并且动物的凶猛或温顺可以通过驯化而改变的科学家。

2.2 斐波那契的种群动态数学模型

1202 年，意大利数学家斐波那契 (Leonardo Pisano Fibonacci，1170—1250) (图 2.4) 在其《计算书》第 12 章的第 7 节，关于家兔繁殖的问题 (若每对大兔在每个月可以生一对小兔，而每对小兔生长两个月就成大兔，则在不发生死亡的理想情况下，从一对小兔开始计算，一年之后能够繁殖出多少对兔子？) 中，建立了种群动态数学模型，其解是著名的斐波那契数列：1, 1, 2, 3, 5, 8, 13, 21, 34, 55, 89, 144, 233, $\cdots$ [33]。

图 2.4 斐波那契

由上述斐波那契数列可知：第 $n+2$ 个月后兔子的对数等于第 n 个月后兔子的对数加上第 $n+1$ 个月后兔子的对数。这样就得到家兔增长种群动态数学模型 $F_{n+2} = F_n + F_{n+1}$, $n \geqslant 2$; $F_0 = F_1 = 1$。

法国数学家棣莫弗 (Abraham de Moivre，1667—1754) 于 1730 年在其所著的《分析集锦》[34] 中第一次给出了斐波那契数列中通项 F_n 的表达式

$$F_n = \frac{1}{\sqrt{5}} \left[\left(\frac{1+\sqrt{5}}{2} \right)^{n+1} - \left(\frac{1-\sqrt{5}}{2} \right)^{n+1} \right]$$

家兔增长情况如表 2.1 所示。

2.2 斐波那契的种群动态数学模型

表 2.1 家兔增长情况

时间/月	小兔/对	大兔/对	总数/对
1	1	0	1
2	0	1	1
3	1	1	2
4	1	2	3
5	2	3	5
6	3	5	8
7	5	8	13
8	8	13	21
9	13	21	34
10	21	34	55
⋮	⋮	⋮	⋮

后来，人们发现斐波那契数列与自然界中的许多现象有着紧密的联系，比如晶体的结构大多数都会按斐波那契数列分布；植物的分枝生长(比如梨树不断抽出的新枝)大多数都会按斐波那契数列排列。这样的布局能使植物的生长疏密得当，最充分地利用阳光和空气。另外，大多数花朵的花瓣数目是 3, 5, 8, 13, 21, 34, 55, 89, ⋯，例如，百合花 3 瓣，梅花 5 瓣，茉莉花 8 瓣，孤挺花 13 瓣；向日葵不是 21 瓣，就是 34 瓣；雏菊都是 34, 55 或 89 瓣；其他数目都很少出现，如图 2.5 所示。

图 2.5　花瓣数量为斐波那契数列

除了花瓣数目外，还有许多植物的花果也都会按斐波那契数列螺旋生长。例如，松果的螺线排列、葵花子的排列，以及菠萝果实上的分块等，如图 2.6 所示。

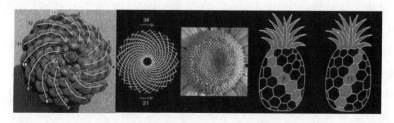

图 2.6　许多植物的花果以斐波那契螺旋方式排列

1963 年，一些美国数学家成立了斐波那契协会，同时发行一份专门针对斐波那契数列进行研究的季刊《斐波那契季刊》[35]，这标志着对斐波那契种群动态数学模型的性质及其应用的研究进入了一个崭新的历史发展阶段[36]。

2.3 徐光启的人口增长模型

中国明朝的著名科学家徐光启 (1562—1633)，上海人 (图 2.7)。1604 年，他目睹当时的人口，特别是江南地区的人口迅速增长的情况，在其著作《农政全书》中用数学中的概率方法估算过和平时期人口的增长，他说："头三十年为一世。[37]"这是史料中最早的人口增长动态数学模型。

图 2.7　徐光启与《农政全书》

2.4 格朗特的生命表模型

1662 年，英国经济学家、人口统计学创始人之一格朗特 (John Graunt，1620—1674)(图 2.8) 在他出版的专著《生命表的自然和政治观察》[38] 中，研究了伦敦人口的出生率、死亡率等指数与人口消长的关系，计算后认为伦敦的人口大概每 64 年将增加一倍，并发现人口出生率与死亡率相对稳定，提出了"大数恒静定律"——该定律后来成为生物统计学的基本原理。

《生命表的自然和政治观察》是生物统计的一个相对独立分支——"人口统计学"的奠基作，发表后引起人们的极大重视，英王查理二世据此推荐他为英国皇家学会会员。

1693 年，英国数学家、天文学家哈雷 (Edmond Halley，1656—1742)(图 2.9) 按年龄分类，以德国布雷斯劳 (Breslau) 市 1687—1691 年间市民的死亡统计数据为基础，精确地表示了每年的死亡率，从而改进了格朗特的生命表，并引进了死亡率的定义，制订了世界上第一份最科学、最完整的生命表[39]。

图 2.8　格朗特

图 2.9　哈雷

2.5　欧拉的人口几何增长动态数学模型

1748 年，欧拉 (Leonard Euler, 1707—1783)(图 2.10) 在其出版的《无穷分析引论》的第 6 章 "指数与对数" 中[40]，所举 6 个例子中的第 4 个为：

假设人口数量 P_n 关于年份 n 满足方程 $P_{n+1}=(1+x)P_n$(n 为整数，增长率 x 为正实数)，若初始值为 P_0，则 P_n 关于 n 的表达式可以改写为

$$P_n = (1+x)^n P_0$$

上述模型被称为欧拉的人口几何增长动态数学模型。

图 2.10　欧拉

2.6 传染病动态数学模型

1760 年，瑞士数学家、物理学家、医学家丹尼尔·伯努利 (Daniel Bernoulli, 1700—1782)(图 2.11) 对天花病毒进行了分析，并建立了天花病毒动态数学模型：

$$P^*(x) = \frac{P(x)}{1 - p + pe^{-qx}}$$

其中，x 为人口的年龄，p 为人口因感染上天花而死亡的概率，$P^*(x)$ 表示感染上天花病毒后痊愈的年龄为 x 的人口数量，q 为每人每年感染上天花的概率[41]。

图 2.11 丹尼尔·伯努利

丹尼尔·伯努利在天花病毒动态数学模型中，所作感染上天花的概率与因感染天花而死亡的概率，关于年龄 x 相互独立的理想假设存在一定的局限性，需要加以改进[42]。

1761 年，法国数学家、物理学家达朗贝尔 (Jean Le Rond D'Alembert, 1717—1783)(图 2.12) 改进了丹尼尔·伯努利的模型，去掉了上述理想假设，得到更符合实际情况的天花病毒动态数学模型

$$P^*(x) = P(x) \exp\left(\int_0^x v(y) \mathrm{d}y\right)$$

其中，$v(x)$ 为因感染天花而死亡的人数[43]。

2.6 传染病动态数学模型

图 2.12 达朗贝尔

1979 年，英国生物数学家安德森 (Roy Malcolm Anderson，1947—)(图 2.13) 给出了一个在一般情形下的传染病动态数学模型[44]：

$$\frac{\mathrm{d}p_1(t)}{\mathrm{d}t} = b(p_1(t) + p_2(t) + p_3(t)) - \mathrm{d}p_1(t) + \gamma p_3(t) - \alpha p_1(t)p_2(t)$$

$$\frac{\mathrm{d}p_2(t)}{\mathrm{d}t} = \alpha p_1(t)p_2(t) - (d + \overline{d} + \beta)p_2(t)$$

$$\frac{\mathrm{d}p_3(t)}{\mathrm{d}t} = \beta p_2(t) - (d_3 + \gamma)p_3(t)$$

其中，$p_1(t)$ 代表健康而可能被传染的一类人；$p_2(t)$ 代表已经患病的人；$p_3(t)$ 代表具有免疫力的人；γ 为免疫力失去率；d 为自然死亡率；$\overline{d}$ 为传染病的死亡率；b 为出生率；α 为传染病的发病率；β 为治愈率。

图 2.13 安德森

通过该传染病动态数学模型可以了解不同时刻传染病的动态特征 (比如,传染病病情的发展趋势,即各类人的人口数量 $p_i(t)$ 的分布情况)。

生物数学家科玛克 (William Ogilvy Kermack, 1898—1970) 和麦克坎迪克 (Anderson Gray McKendrick, 1876—1943) 于 1927 年为了研究 1665—1666 年黑死病在伦敦的流行规律,以及 1905 年下半年至 1906 年上半年瘟疫在孟买的流行规律,构造了著名的 SIR 模型[45]:

$$\begin{cases} \dfrac{\mathrm{d}I}{\mathrm{d}t} = \beta SI - \gamma I \\ \dfrac{\mathrm{d}S}{\mathrm{d}t} = -\beta SI \\ \dfrac{\mathrm{d}R}{\mathrm{d}t} = \gamma I \end{cases}$$

其中,t 表示时间,易感者的数量记为 $S(t)$,其初始值记为 S_0;已染病者的数量记为 $I(t)$,其初始值记为 I_0;已恢复者的数量记为 $R(t)$,总人口数记为 $N(t)$。经过计算可得

$$I = (S_0 + I_0) - S + \frac{1}{\sigma} \ln \frac{S}{S_0}$$

其中 σ 是传染期接触数,且 $\sigma = \dfrac{\beta}{\gamma}$。

由于在一次传染病的传播过程中,被传染人数的比例是健康者人数比例的初始值 s_0 与 s_∞ 之差,记作 x(即 $x = s_0 - s_\infty$),所以由 SIR 模型可得

$$s_0 + I_0 - s_\infty + \frac{1}{\sigma} \ln \frac{s_\infty}{s_0} = 0^{[46]}$$

当染病者数量很小时,s_0 接近于 1,

$$x + \frac{1}{\sigma} \ln \left(1 - \frac{x}{s_0}\right) \approx 0$$

再将其中的对数函数 $\ln \left(1 - \dfrac{x}{s_0}\right)$ 的泰勒展开式的前两项代入上式,可得

$$x \left(1 - \frac{1}{s_0 \sigma} - \frac{x}{2 s_0^2 \sigma}\right) \approx 0$$

若记 $s_0 = \dfrac{1}{\sigma} + \delta$,$\delta$ 可视为该地区人口比例超过阈值 $\dfrac{1}{\sigma}$ 的部分,则当 $\delta \leqslant \dfrac{1}{\sigma}$ 时,可得

$$x \approx 2 s_0 \sigma \left(s_0 - \frac{1}{\sigma}\right) \approx 2\delta$$

科玛克和麦克坎迪克通过上述结果证明了:被传染人数比例约为 δ 的 2 倍,并且对一种传染病,当该地区的卫生和医疗水平不变,即 δ 不变时,这个比例就不会

改变；而当阈值 $\frac{1}{\sigma}$ 提高时，δ 减小，这个比例就会降低；易受传染者的人数如果最初比阈值高多少，那么最终就会比阈值低多少[47]。

此外，还有许多学者研究了其他类型的传染病动态数学模型[48]。

2.7 马尔萨斯模型

1798 年，英国统计学家马尔萨斯 (Thomas Robert Malthus，1766—1834)(图 2.14) 在他出版的专著《人口原理》中[49]，根据百余年的人口统计资料，针对人口增长规律，提出了种群模型的基本假设：在人口自然增长的过程中，净相对增长率 (单位时间内种群的净增长数与其总数之比) 为常数 r，以此为基础，他从对人口增长和食品供求增长的分析中推导出了下述微分方程模型。

已知初始时刻 t_0 时的种群数量为 $N(t_0) = N_0$，设 t 时刻的种群数量为 $N = N(t)$，经过一段很短的时间 Δt 后，在 $t + \Delta t$ 时刻，种群的数量变为 $N(t + \Delta t)$。由上述基本假设，在 Δt 时间内，种群数量的增加量应与当时的种群数量 $N(t)$ 成比例，比例系数为上述常数 r，则在 Δt 内，种群的增量可写为

$$N(t + \Delta t) - N(t) = rN(t)\Delta t$$

再将上式两边同时除以 Δt，得到 $\dfrac{N(t + \Delta t) - N(t)}{\Delta t} = rN(t)$，则当 $\Delta t \to 0$ 时，$N(t)$ 满足

$$\frac{\mathrm{d}N}{\mathrm{d}t} = rN \quad \text{或} \quad \frac{1}{N}\frac{\mathrm{d}N}{\mathrm{d}t} = r$$

图 2.14　马尔萨斯

上述微分方程模型称为马尔萨斯模型。有一些学者 (例如，施韦伯 (Silvan S. Schweber, 1928—)) 提出，马尔萨斯的《人口原理》之所以如此深深地触动了达尔文，是因为其论述过程是用数量化的语言表达的，特别是马尔萨斯模型增加了《人口原理》对达尔文的吸引力[50]。数学模型能定量地描述生命物质运动的过程，一个复杂的生物学问题借助数学模型能转变成一个数学问题，通过对数学模型的逻辑推理、求解和运算，就能够获得客观事物的有关结论，达到对生命现象进行研究的目的。

马尔萨斯生物总数增长定律指出：在孤立的生物群体中，生物总数 $N(t)$ 的变化率与生物总数成正比，其数学模型为

$$\begin{cases} \dfrac{\mathrm{d}N(t)}{\mathrm{d}t} = rN(t) \\ N(t_0) = N_0 \end{cases}$$

其中 r 为常数。对其两边积分得

$$\ln N = rt + c_1, \quad 即 N = c\mathrm{e}^{rt}$$

其中 $c = \mathrm{e}^{c_1}$ 为任意常数。

再将初始条件：$t = t_0$ 时，$N(t_0) = N_0$ 代入马尔萨斯模型，可得

$$c = N_0 \mathrm{e}^{-rt_0}$$

即马尔萨斯模型满足初始条件的解为 $N(t) = N_0 \mathrm{e}^{r(t-t_0)}$。

因此，遵循马尔萨斯生物总数增长定律可得任何生物都是随时间按指数方式增长。在此意义下，上述方程又称指数增长模型。人作为特殊的生物种群，人口的增长也应满足马尔萨斯生物总数增长定律，此时的上述方程式称为马尔萨斯人口方程。如果 $r > 0$，则此解说明种群总数 $N(t)$ 将按指数规律无限增长。当种群总数不大时，生存空间、资源等极充裕，种群总数指数增长是可能的；但当种群总数非常大时，根据马尔萨斯人口方程预测的结果有可能会与实际数据相差较大。造成误差过大的主要原因是人口的增长率 r 不是常数，它是随时间而变化的，很多试验和事实也证明 r 是时变的。在实际生活中，种群数量是不可能无限增大的。其增长必定带来大量的自然资源需求，而自然资源和自然界的种群容量都是有限的，当种群数量达到一定大小时，种群的增长必然会受到各种生存条件的制约，这样自然会考虑到对马尔萨斯模型加以修改[51]。

2.8 逻辑斯谛模型

1838 年，比利时数学家威尔霍斯特 (Pierre François Verhulst，1804—1849)(图 2.15) 在其同事凯特勒特 (Lambert Adolphe Jacques Quetelet，1796—1874) 所提出的增长阻抗概念的启发下[52]，改进了马尔萨斯模型，克服了该模型的一些缺陷，并将改进后的模型命名为 "Logistic" 模型[53]。

图 2.15 威尔霍斯特

威尔霍斯特的主要思想为：在某一确定的环境内考察人口规模，当人口规模增大时，此人口的密度也增大，每个人的食物平均分配量必然减少，从而将使人口增长率减少。因此人口净增长率 r 应与人口数量 N 有关，即 $r = r(N)$，从而人口增长率为

$$\frac{dN}{dt} = r(N)N$$

其中，$r(N)$ 为常数时，得到的就是马尔萨斯模型。

对马尔萨斯模型最简单的改进就是在模型中引进一次项。威尔霍斯特首先引入常数 M 表示自然资源和环境条件所容纳的最大人口数量，并假设净相对增长率为 $r\left(1 - \dfrac{N(t)}{M}\right)$，即净相对增长率随着 $N(t)$ 的增加而减少，当 $N(t) \to M$ 时，净相对增长率趋向于 0，从而马尔萨斯模型就变为

$$\frac{dN}{dt} = r\left(1 - \frac{N}{M}\right)N \quad \text{或} \quad \frac{1}{N}\frac{dN}{dt} = r\left(1 - \frac{N}{M}\right)$$

此即著名的逻辑斯谛 (Logistic) 模型。

当 M 与 N 相比很大时，$\dfrac{rN^2}{M}$ 与 rN 相比可以忽略，则逻辑斯谛模型就转变为马尔萨斯模型；但当 M 与 N 相比不是很大时，$\dfrac{rN^2}{M}$ 这一项就不能忽略，种群增长的速度将缓慢下来。

对逻辑斯谛模型两端关于时间 t 进行求导，可得

$$\frac{\mathrm{d}^2 N}{\mathrm{d}t^2} = r\left(1 - \frac{2N}{M}\right)\frac{\mathrm{d}N}{\mathrm{d}t}$$

由 $N(t) < M$ 知 $\dfrac{\mathrm{d}N}{\mathrm{d}t} > 0$，即 $N(t)$ 随时间的增加而增加。

当 $N < \dfrac{M}{2}$ 时，$\dfrac{\mathrm{d}^2 N}{\mathrm{d}t^2} > 0$，$\dfrac{\mathrm{d}N}{\mathrm{d}t}$ 单调增加，$N(t)$ 增加的速率越来越大，即曲线是凹的；

当 $N > \dfrac{k}{2}$ 时，$\dfrac{\mathrm{d}^2 N}{\mathrm{d}t^2} < 0$，$\dfrac{\mathrm{d}N}{\mathrm{d}t}$ 单调减少，$N(t)$ 增加的速率越来越慢，即曲线是凸的。

由以上分析得到结论：$N = \dfrac{M}{2}$ 是 $N(t)$ 一个拐点。根据拐点的生物数学意义可知此时种群的增长达到最佳状态。

逻辑斯谛模型能够用于表示种群在有限环境下，受环境压力与种群密度制约的自然增长。它比较正确地描述了种群和生物个体的增长，因此得到了广泛应用，成为认识生物种群增长规律的基础工具，其解为

$$N(t) = \frac{MN_0}{(M - N_0)\mathrm{e}^{-rt} + N_0}$$

但逻辑斯谛模型的影响并不大，该模型直到 1920 年才被美国生物统计学家珀尔 (Raymond Pearl, 1879—1940) 及其同事利德 (Lowell J. Reed, 1886—1966) 重新发现。他们利用该模型描述了美国人口和世界人口增长趋势，并在生物繁殖研究中对模型的效用有了新的发现与认识[54]：

根据逻辑斯谛模型，假设 M 为世界人口最大容量，以 $N = \dfrac{M}{2}$ 为顶点，当 $N < \dfrac{M}{2}$ 时人口增长率增加；当 $N > \dfrac{M}{2}$ 时人口增长率减少，即人口增长到 $\dfrac{M}{2}$ 时增长率将逐渐减少。

$\dfrac{\mathrm{d}N}{\mathrm{d}t}$ 随 $N(t)$ 变化曲线以及人口数量随时间变化曲线如图 2.16 所示。

值得说明的是：人也是一种生物，因此，上面关于人口的讨论，原则上也可以用于在自然环境下单一物种生存着的其他生物，如森林中的树木、池塘中的鱼等。

如果令逻辑斯谛模型右端等于零，则可得逻辑斯谛模型的两个平衡点

$$N_1 = 0 \quad \text{和} \quad N_2 = M$$

2.8 逻辑斯谛模型

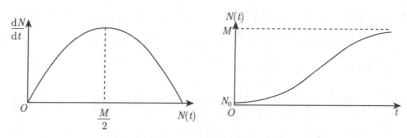

图 2.16 人口增长率和人口数

因为对于第 1 个平衡点 $N_1 = 0$，取正定的 Lyapunov 函数 $V(N) = N - N_1 - N_1 \ln\left(\dfrac{N}{N_1}\right)$，则其沿着逻辑斯谛模型的解为

$$\frac{\mathrm{d}V}{\mathrm{d}t} = \frac{\mathrm{d}V}{\mathrm{d}N}\frac{\mathrm{d}N}{\mathrm{d}t} = \left(1 - N_1 \frac{N_1}{N} \frac{1}{N_1}\right) r \left(1 - \frac{N}{M}\right) N = r\left(1 - \frac{N}{M}\right)(N - N_1) > 0$$

所以 $N_1 = 0$ 是不稳定的；

对于第 2 个平衡点 $N_2 = M$，也取正定的 Lyapunov 函数 $V(N) = N - N_2 - N_2 \ln\left(\dfrac{N}{N_2}\right)$，则其沿着逻辑斯谛模型的解为

$$\frac{\mathrm{d}V}{\mathrm{d}t} = \frac{\mathrm{d}V}{\mathrm{d}N}\frac{\mathrm{d}N}{\mathrm{d}t} = \left(1 - N_2 \frac{N_2}{N} \frac{1}{N_2}\right) r \left(1 - \frac{N}{M}\right) N = r\left(1 - \frac{N}{M}\right)(N - N_2) < 0$$

故 $N_2 = M$ 是全局稳定的。

综上所述，平衡点 $N_1 = 0$ 是不稳定的，$N_2 = M$ 是稳定的。

不过逻辑斯谛模型也存在许多不合理之处，比如：在逻辑斯谛模型中，自然环境因素充分恒定，不影响生殖率和死亡率，M 是不变的。而在现实生活中，对人口增长而言，饱和量 M 并非一成不变。

用逻辑斯谛模型检验美国从 1790 年到 1950 年的人口，发现模型计算的结果与实际人口在 1930 年以前都非常吻合。但自从 1930 年以后，误差越来越大，一个明显的原因是在 20 世纪 60 年代美国的实际人口数已经突破了 20 世纪初所设的极限人口。这是因为随着科技发展，人类可以不断开发出新的资源和生存空间，所以 M 是不断增加的。

逻辑斯谛模型的上述缺陷导致后世学者对其进一步改进。

1825 年，冈珀兹 (Benjamin Gompertz, 1779—1865) 等还给出了著名的高宙派茨模型[55]：

$$\frac{\mathrm{d}x}{\mathrm{d}t} = rx \ln \frac{N}{x}$$

其中的参数具体估计值 r 和 N 的意义与逻辑斯谛模型中的意义相同，能够反映不同种群在生长率、最大体重方面的差异，具有初始值的典型 "S" 形生长曲线。冈珀兹模型不仅丰富了逻辑斯谛模型理论,对畜禽生长曲线拟合效果好,而且这种模型适应于更广泛的生物数学课题,对于认识动物的遗传特点和规律,比较不同品种之间的生长差异等均具有实际的参考意义,因此在研究动物生长发育规律时广泛采用。

王如松、兰仲雄和丁岩钦于 1982 年提出了变温动物所适合的发育模型[56]:

$$V(t) = \frac{M}{1 - \exp(-r(T - T_0))} \left\{ 1 - \exp\left(\frac{T - T_L}{\delta}\right) \right\} \cdot \left\{ 1 - \exp\left(\frac{T_H - T}{\delta}\right) \right\}$$

其中,M 为高温下潜在饱和发育速率,并等于最适发育速率 $V(T_0)$ 的 2 倍;r 是发育速率随温度变化的指数增长率;T_L, T_H 各为最低、最高临界发育温度;T_0 为最适发育温度;δ 为边界层的宽度,其相对大小反映了昆虫对极端温度的不同忍耐程度[57]。

随后,有些学者提出了更广泛的广义逻辑斯谛模型

$$\frac{\mathrm{d}x}{\mathrm{d}t} = \frac{rx\left(1 - \dfrac{x}{M}\right)}{1 + bx} = f(x)$$

其中,b 为所研究的种群对外在条件的有效使用率[58]。

1992 年,崔启武与劳森 (Lawson) 以动力学的吸附理论为基础,提出了一种密度制约效应曲线为上凸曲线的逻辑斯谛改进模型,即崔启武-劳森模型[59]:

$$\frac{1}{N}\frac{\mathrm{d}N}{\mathrm{d}t} = \frac{r\left(1 - \dfrac{N}{M}\right)}{1 - \dfrac{N}{M'}}$$

此模型在逻辑斯谛模型的基础上增加了一项 $\left(1 - \dfrac{N}{M'}\right)$,并引入一个新的常数 M',其通解为

$$N = (M - N)^b / e^{a - rt} \quad (a, b \text{为一般常数})$$

或

$$rt + C = \ln N - \ln(M - N) + \frac{M}{M'} \ln(M - N)$$

代入初始值 t_0 和 N_0,消去上述通解中的积分常数 C,可得该模型广义形式的解为

$$r(t - t_0) = \ln \frac{N}{N_0} - \ln \frac{M - N}{M - N_0} + \frac{M}{M'} \ln \frac{M - N}{M - N_0}$$

对于上述模型的解:

若 $\dfrac{M}{M'} = 0$,则表示生存资源对种群的影响最大,其解体现为逻辑斯谛模型的解;

若 $\dfrac{M}{M'} = 1$，则表示生存资源对种群的影响最小，其解体现为马尔萨斯模型的解。

1992 年，李新运、赵善伦和尤作亮从分析种群增长的非线性动态机理出发，在种群中所有个体繁殖能力一样，没有时滞影响，密度制约效应为任何曲线效应的前提下，创造出一种包括制约效应为下凹和上凸曲线的自适应种群增长动态模型[60]。

$$N = \dfrac{K}{[1 + (K^s/N_0^s - 1)\mathrm{e}^{-srt}]^{1/s}}$$

其中，s 为密度制约参数。

以上 8 种模型主要针对单种群情形。在现实情况中，两个以上种群之间的关系可能会是竞争关系。最早的竞争动态数学模型是针对捕食与被捕食两个种群的动态系统而建立的，将捕食与被捕食两个变量统一化，通过调整最优捕食系数来调整最优捕食量。

2.9 洛特卡-沃尔泰拉模型

预测捕食者生物种群及其资源生物种群数量变化的第一个数学模型是由美国数学家洛特卡 (Alfred James Lotka, 1880—1949)(图 2.17) 和意大利数学家沃尔泰拉 (Vito Volterra, 1860—1940) 分别于 1925 年和 1926 年建立的[61]，其基础都是逻辑斯谛模型。

1925 年，洛特卡在其出版的书《生物物理学原理》中首先假定寄生者完全靠寄主生存，系统与外界没有种群交换关系，然后从生物防治中的寄生者与寄主的关系中抽象出了下述洛特卡-沃尔泰拉模型[62]：

$$\dfrac{\mathrm{d}N_1}{\mathrm{d}t} = N_1(a_1 - b_1 N_2), \quad \dfrac{\mathrm{d}N_2}{\mathrm{d}t} = N_2(-a_2 - b_2 N_1)$$

其中 $a_1, a_2, b_1, b_2 > 0$。

图 2.17 洛特卡

1956 年，该书被再版时改名为《生物数学原理》(Elements of Mathematical Biology)——该专著是数学生态学早期的经典著作[63]。

下面重点介绍沃尔泰拉建立该模型的起因及过程。

沃尔泰拉的女婿、意大利生物学家德安科纳 (Umberto d'Ancona, 1896—1964) (图 2.18) 曾致力于鱼类种群相互制约关系的研究，他从第一次世界大战期间，地中海各港口捕获的几种鱼类捕获量占总数百分比的数据里，无意中发现鲨鱼等的比例有明显增加 (鲨鱼等占被捕获总数的百分比见表 2.2)，而供其捕食的食用鱼的百分比却明显下降。显然战争使捕鱼量下降，食用鱼增加，鲨鱼等也随之增加，但让他感到困惑的是：作为鱼饵的小鱼也应该多起来，并且鲨鱼在鱼群中的总体比例应该不变的，究竟是什么原因使得鲨鱼的增长要比小鱼的增长更快呢？德安科纳穷尽一切生物学上的知识都无法解释这个现象，于是求助于其岳父大人沃尔泰拉，希望建立一个食饵-捕食系统的数学模型，定性或定量地回答这个问题[64]。

图 2.18　德安科纳

表 2.2　里耶卡港 1914–1923 年的数据

年代	1914	1915	1916	1917	1918
百分比/%	11.9	21.4	22.1	21.2	36.4
年代	1919	1920	1921	1922	1923
百分比/%	27.3	16.0	15.9	14.8	19.7

德安科纳与沃尔泰拉的这次交流在生物数学发展历程中具有重要意义，从此改变了沃尔泰拉的研究方向，沃尔泰拉开始转入生物数学方面的研究工作，并为生物数学作出了突出贡献 (详细情况可参见本书 "7.2 沃尔泰拉对生物数学思想发展的影响")。

沃尔泰拉首先分析了德安科纳所提供的里耶卡港 1914—1923 年的数据。

在研究这个问题的过程中，沃尔泰拉将被捕食者与捕食者种群的数量视为基本变量，分别以 N_1, N_2 表示。先考虑被捕食种群 (食饵) 的变化速率 $\dfrac{\mathrm{d}N_1}{\mathrm{d}t}$：因为

2.9 洛特卡-沃尔泰拉模型

大海中鱼类的资源丰富，可以假设如果食饵独立生存则将以增长率 $a_1 > 0$ 按指数规律增长，该种群的自然增值与自身的数量成正比，则有 a_1N_1 项；若被捕食种群的死亡率与两个种群个体相遇的概率成比例，则有 $-b_1N_1N_2$ 项，其中比例常数 $b_1 > 0$。将以上考虑的两个方面联合在一起，便可获得被捕食种群的微分方程为

$$\frac{\mathrm{d}N_1}{\mathrm{d}t} = a_1N_1 - b_1N_1N_2$$

接下来，讨论捕食种群的变化速率 $\frac{\mathrm{d}N_2}{\mathrm{d}t}$。捕食种群的增值不仅与自身的种群大小有关，还与被捕食种群能够提供的食饵有关。如果这些关系都以正比例的形式出现，则食饵对捕食者的供养能力比例常数为 $b_2 > 0$，捕食种群的增值速率应该是 $b_2N_1N_2$；捕食种群离开食饵无法生存，若它独自存在时的死亡速率与自身的多少成正比，则设比例常数为 $a_2 > 0$，种群的变化应包括 $-a_2N_2$ 项。联合 $b_2N_1N_2$ 与 $-a_2N_2$ 这两项就得到洛特卡-沃尔泰拉模型[65]。

下面给出一种捕食与被捕食的关系的具体模型。例如，在海洋中生活的须鲸和南极虾之间的关系：

设南极虾的数量是 $x(t)$，须鲸的数量是 $y(t)$，须鲸以南极虾为主食，没有了南极虾，须鲸的数量将指数式地下降：

$$\frac{\mathrm{d}y}{\mathrm{d}t} = -my$$

其中，$m > 0$ 是常数。

但有了南极虾 $x(t)$ 时，须鲸的数量的上述变化关系要改为

$$\frac{\mathrm{d}y}{\mathrm{d}t} = (nx - m)y$$

其中，$n > 0$ 是常数。

而南极虾被须鲸捕食，它的数量的变化服从以下关系：

$$\frac{\mathrm{d}x}{\mathrm{d}t} = (a - by)x$$

其中，$a > 0, b > 0$ 是常数。

下面再给出一种竞争关系的模型。例如，一个池塘里饲养两种食用鱼，鳟鱼和鲈鱼之间的关系：

设它们在时刻 t 的尾数分别是 $x(t)$ 和 $y(t)$。假定鳟鱼的尾数 $x(t)$ 的增长速度正比于其尾数量，增长率为 k，即

$$\frac{\mathrm{d}x}{\mathrm{d}t} = kx$$

由于鲈鱼的存在而争夺食物，减小了鳟鱼的增长率。鲈鱼越多，鳟鱼的增长率越小，可设鳟鱼的增长率 $k = a - by$，其中 $a > 0, b > 0$ 是常数。因此我们可以写出如下的描述鳟鱼尾数的微分方程：

$$\frac{\mathrm{d}x}{\mathrm{d}t} = (a - by)x$$

其中 $x \geqslant 0, y \geqslant 0$

同理，由于鳟鱼的存在而争夺食物，减小了鲈鱼的增长率。我们可得到描述鲈鱼尾数的微分方程：

$$\frac{\mathrm{d}y}{\mathrm{d}t} = (m - nx)y$$

其中 $m > 0, n > 0$ 是常数。

当鳟鱼的尾数 $x(t) > m/n$，鲈鱼的尾数 $y(t) < a/b$ 时，由上述方程可知鲈鱼的尾数 y 将减少，鳟鱼将增加。反之，当鳟鱼的尾数 $x(t) < m/n$，鲈鱼的尾数 $y(t) > a/b$ 时，鲈鱼的尾数 y 将增加，鳟鱼尾数 $x(t)$ 将减少。

洛特卡-沃尔泰拉模型的提出是种群动态数学模型发展的一个里程碑，标志着生物数学在形成过程中，迎来了一个黄金时代。通过描述捕食与被捕食两个种群相克关系的洛特卡-沃尔泰拉模型，从理论上说明：农药的滥用，在毒杀害虫的同时也杀死了害虫的天敌，从而常常导致害虫更猖獗地情况发生。

1930 年，莫斯科大学教授皋泽 (Georgii Frantsevitch Gause，1910—1986) (图 2.19) 开始以原生动物和昆虫为材料，对种群增长的控制机制、种间竞争、捕食者与被捕食者相互作用等进行了详细研究，发展了洛特卡-沃尔泰拉模型并根据实验进行了验证，从而为数学生态学奠定了稳固的基础；他在 1934 年用英语发表的《生存竞争》已成为生态学的经典著作，其中的"占同样生态地位的两个种群不能在同一场所共存"的竞争排斥法则被称为皋泽法则 (原理)，但他自己对共存的可能性也并非完全否定。

图 2.19　皋泽

2.9 洛特卡-沃尔泰拉模型

1936 年,皋泽做了一个原生物草履虫实验:把 5 只草履虫放进一个盛有 0.5cm^3 营养液的小试管后发现,开始时草履虫以每天 230.9% 的速率增长,此后增长速度不断减慢,到第 5 天达到最大量 375 只,实验数据与洛特卡-沃尔泰拉模型在特定条件 $r = 2.309$,$a = 0.006157$,$N(0) = 5$ 下的逻辑斯谛曲线

$$N(t) = \frac{375}{1 + 74\text{e}^{-2.309t}}$$

几乎完全吻合[66]。

1993 年,美国华盛顿大学数学教授莫理 (James Dickson Murray,1931—) (图 2.20) 研究了一类关于两个物种 (如兔子、狐狸) 的洛特卡-沃尔泰拉模型[67]:

$$\begin{cases} \dfrac{\text{d}R}{\text{d}t} = r_1 R(1 - R - a_1 F) \\ \dfrac{\text{d}F}{\text{d}t} = r_2 F(1 - F - a_2 R) \end{cases}$$

其中,R 为兔子的数量,F 为狐狸的数量,r_1 和 r_2 分别为缺乏竞争的情况下的生长率,a_1 和 a_2 代表种间竞争能力。

图 2.20 莫理

20 世纪 70 年代早期,大多数数学家分析认为反应-扩散系统是稳定的,但是,莫理通过详细计算以及深入研究后证明了:反应-扩散系统是不稳定的。另外,他对生物数学专著出版的贡献也是非常巨大的[68,69],并于 2005 年荣获大久保晃奖 (该奖项详细情况可参见本书 "8.1.4 生物数学奖励")。

洛特卡-沃尔泰拉模型具有广泛的适用性,只要一定范围内的两类生物种群具有相互制约的矛盾,并且这种矛盾占主导地位,那么该模型就可适用。它所揭示的两个种群周期性的循环现象在自然界中经常发生。

2.10 洛特卡-沃尔泰拉模型的扩展模型

1932 年，苏联科学家皋泽将洛特卡-沃尔泰拉模型扩展为皋泽-洛特卡-沃尔泰拉模型

$$\frac{\mathrm{d}N_i(t)}{\mathrm{d}t} = \gamma_i N_i(t) \left[1 - \sum_{j=1}^{n} a_{ij} N_j(t)\right]$$

其中，$N_i(t)$ 描述物种 i 的种群数量，γ_i 是它的固有生长速率，α_{ij} 是物种 i 和物种 j 的种间竞争系数[70]。特别要提到的是，$K_i = \alpha_{ij}^{-1}$ 表示物种 i 的承载容量，其含义是在没有其他物种竞争，也不考虑扩散、噪声等其他因素影响的情况下，物种 i 可以达到的最大的种群数量。皋泽-洛特卡-沃尔泰拉模型是可以合理地描述生态系统之中 n 个物种相互竞争的一个非常简单的模型，但却有着极其广泛的应用。

1935 年，尼科尔森 (Alexander John Nicholson, 1895—1969) 和贝利 (Victor Albert Bailey, 1895—1964) 经过仔细研究后认为：洛特卡-沃尔泰拉模型仅适用于具有连续世代物种的种群动态，而现实中很多猎物的种群暴露在捕食者面前的时间是间断的，仅仅是一个世代中的某段时间，如昆虫幼虫相对于幼虫寄生蜂，多步过程在效果上等同于一个时滞效应。此外，尼科尔森与贝利还对洛特卡-沃尔泰拉模型未考虑种内竞争效应，以及因种群年龄结构而带来的时滞效应等不满意。于是，尼科尔森和贝利以寄主-寄生蜂系统为对象建立了以下模型[71]：

$$H_{t+1} = \mathrm{e}^r(H_t - H_a), \quad P_{t+1} = H_a$$

其中，H_t 为寄主在世代 t 的种群密度，H_{t+1}，P_{t+1} 分别为寄主和寄生蜂在世代 $t+1$ 的种群密度，H_a 为在世代 t 中被寄生的寄主个体数 (这里假定一个寄主维持一个寄生蜂)，r 为寄主的内禀增长率。

尼科尔森和贝利进一步定义 A 为寄生蜂的搜寻效率，则在世代 t 中：寄生蜂与寄主相遇的次数

$$E_t = AH_t P_t$$

每个寄主被寄生的概率为

$$E_t/H_t = AP_t$$

尼科尔森和贝利还假定寄生蜂与寄主相遇的概率是随机的，且服从统计学上的泊松 (Possion) 分布。根据泊松分布模型，在世代 t 中被寄生的寄主的比例为 $1 - \mathrm{e}^{-E_t/H_t}$，于是得到

$$H_a = H_t(1 - \mathrm{e}^{-E_t/H_t})$$

2.10 洛特卡-沃尔泰拉模型的扩展模型

然后其代入 $H_{t+1} = e^r(H_t - H_a)$，$P_{t+1} = H_a$，可得尼科尔森-贝利模型：

$$H_{t+1} = H_t e^{(r - AP_t)}$$

$$P_{t+1} = H_t(1 - e^{-AP_t})$$

尼科尔森-贝利模型表明：寄主-寄生蜂种群亦可形成一种耦合振荡动态，但这种振荡不是稳定的，任何干扰都可以使系统失去平衡。

尼科尔森和贝利还预测出寄主-寄生蜂系统无法达到稳定状态。在尼科尔森看来，种群在空间上分为多个小群体，它们在一定的时间内会呈几何级数增长，但迟早某一时刻会被寄生蜂所发现，并被寄生蜂几乎全部寄生而绝灭。

1935 年，苏联数学家柯尔莫哥洛夫 (Andrei Nikolaevich Kolmogorov, 1903—1987)(图 2.21) 把马尔可夫过程引入遗传学；1941 年，他又给出了种群间的动态数学模型

$$\begin{cases} \dfrac{\mathrm{d}x}{\mathrm{d}t} = xf(x, y) \\ \dfrac{\mathrm{d}y}{\mathrm{d}t} = yg(x, y) \end{cases}$$

使从种群转移的宏观理论 (抛物型偏微分方程) 上升到了更高的微观水平的理论。之后，柯尔莫哥洛夫将勒贝格测度引入概率论，为概率论奠定了坚实的基础，并运用大数定律，导出了转移概率动态模型：

$$p(x_1, x_2, \cdots, x_{n-1}) = \int_{-\infty}^{\infty} p(x_1, x_2, \cdots, x_n) \mathrm{d}x_n$$

其中，随机变量 $\{x_i, i = 1, 2, \cdots, n\}$ 是一个随机过程，$p(x_1, \cdots, x_n)$ 是随机变量 $x_1, \cdots, x_n$ 的联合概率密度函数。

图 2.21 柯尔莫哥洛夫

柯尔莫哥洛夫所创立的现代概率论的公理化体系不仅对论述无限随机试验序列或一般的随机过程给出了足够的逻辑基础，而且也极大地促进了生物统计理论的发展[72]。

数学理论，尤其是微分方程理论的发展使得研究复杂种群动态数学模型成为可能。比如：1952 年，英国生物数学家霍奇金 (Alan Lloyd Hodgkin, 1914—1998) 与赫胥黎 (Andrew Fielding Huxley, 1917—2012) 建立了描述神经脉冲传导过程的种群动态数学模型：霍奇金-赫胥黎微分方程[73]，荣获 1963 年诺贝尔医学生理学奖；1958 年，美国学者哈特莱因 (Haldan Keffer Hartline, 1903—1983) 和拉特里夫 (Floyd Ratliff, 1907—1961) 建立了描述视觉系统侧抑制作用的哈特莱因-拉特里夫微分方程[74]，荣获 1967 年度诺贝尔医学生理学奖。它们都是复杂的非线性微分方程组，引起了数学家和生物学家的浓厚兴趣。

1973 年，罗森茨维格 (M. R. Rosenzweig) 通过增加第三个生物种群及营养层次，弥补了洛特卡-沃尔泰拉模型的理论研究一般都局限于两个生物种群的相互作用的局限，并对三个生物种群系进行了探索性研究[75]。根据三个生物种群的两两关系不同的各种组合，产生了种类繁多的数学模型。其中最简单的情况是生物种群的增长是线性密度制约关系，并且假定两个生物种群间的影响都是线性的：

$$\begin{cases} \dfrac{\mathrm{d}N_1}{\mathrm{d}t} = (a_1 - b_{11}N_1 - b_{12}N_2 - b_{13}N_3)N_1 \\ \dfrac{\mathrm{d}N_2}{\mathrm{d}t} = (a_2 - b_{21}N_1 - b_{22}N_2 - b_{23}N_3)N_2 \\ \dfrac{\mathrm{d}N_3}{\mathrm{d}t} = (-a_3 + b_{31}N_1 + b_{32}N_2)N_3 \end{cases}$$

另外，在许多改进的洛特卡-沃尔泰拉模型中，有一个重要模型，被称为 Leslie-Gower 模型[76]。

1973 年，Leslie 和 Gower 考虑到被捕食种群内部密度制约因素，而使 N_1 呈逻辑斯谛增长，也考虑到 N_1 对 N_2 增长的影响。当 N_2 大而 N_1 小时，比值 N_2/N_1 大，这使捕食种群增长减缓；反之，当时间 N_1 大而 N_2 小时，比值 N_2/N_1 小，这削弱了捕食者增长的束缚，从而得到 Leslie-Gower 模型[77]：

$$\begin{cases} \dfrac{\mathrm{d}N_1}{\mathrm{d}t} = N_1(a_1 - b_1N_2 - c_1N_1) \\ \dfrac{\mathrm{d}N_2}{\mathrm{d}t} = N_2(a_2 - c_2N_2/N_1) \end{cases}$$

1979 年，张锦炎对下述模型做过定性分析[78]：

对于洛特卡-沃尔泰拉模型，若考虑捕食种群具有生存资源限制，则可建立

2.10 洛特卡-沃尔泰拉模型的扩展模型

模型：

$$\begin{cases} \dfrac{\mathrm{d}N_1}{\mathrm{d}t} = N_1(a_1 - b_1 N_2) - \dfrac{a_1}{\theta} N_1^2 \\ \dfrac{\mathrm{d}N_2}{\mathrm{d}t} = N_2(-a_2 + b_2 N_1) \end{cases}$$

若在上述模型中加入其内在的竞争可能性因素，则该模型变为

$$\begin{cases} \dfrac{\mathrm{d}N_1}{\mathrm{d}t} = N_1(a_1 - b_1 N_2) - c_1 N_1^2 \\ \dfrac{\mathrm{d}N_2}{\mathrm{d}t} = N_2(-a_2 + b_2 N_1) - c_1 N_2^2 \end{cases}$$

若再加入另一种被捕食者，则模型可调整为

$$\begin{cases} \dfrac{\mathrm{d}N_1}{\mathrm{d}t} = N_1(a_1 - b_1 N_2 - c_1 N_1) \\ \dfrac{\mathrm{d}N_2}{\mathrm{d}t} = N_2(a_2 + b_2 N_1 - c_2 N_2) \end{cases}$$

若它们之间为争夺食物的关系，则其数学模型一般可以表示为

$$\begin{cases} \dfrac{\mathrm{d}N_1}{\mathrm{d}t} = N_1 r_1 \left(1 - \dfrac{N_1}{M_1} - \alpha \dfrac{N_2}{M_2}\right) \\ \dfrac{\mathrm{d}N_2}{\mathrm{d}t} = N_2 r_2 \left(1 - \dfrac{N_2}{M_2} - \beta \dfrac{N_1}{M_1}\right) \end{cases}$$

1988 年，一些学者研究了蝗虫、蟾蜍、耗子、杂草、玉米及枭等 6 个种群间的动态数学模型[79]。

首先，假设所研究的对象由玉米 (A)、杂草 (B)、耗子 (C)、蟾蜍 (D)、蝗虫 (E)5 个种群组成 (图 2.22)。若令 $x_i(t)(i=1,2,\cdots,n)$ 表示第 i 个物种 t 时刻的数量，则它们之间的相互作用关系如图 2.22 所示。

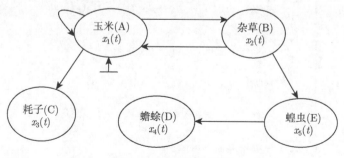

图 2.22 五种群关系图

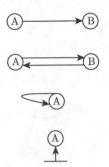

表示种群 A 供食于种群 B 表示种群 A 与种群 B 相互竞争表示种群 A 受密度制约表示种群 A 受到肥料等其他资源供应

于是改进后的洛特卡-沃尔泰拉模型为

$$\begin{cases} \dfrac{dx_1}{dt} = x_1(a_{10} - a_{11}x_1 - a_{12}x_2 - a_{13}x_3) \\ \dfrac{dx_2}{dt} = x_2(-a_{20} - a_{21}x_1 - a_{25}x_5) \\ \dfrac{dx_3}{dt} = x_3(-a_{30} + a_{31}x_1) \\ \dfrac{dx_4}{dt} = x_4(-a_{40} + a_{45}x_5) \\ \dfrac{dx_5}{dt} = x_5(-a_{50} + a_{52}x_3 - a_{54}x_4) \end{cases}$$

其中，a_{i0} 表示相应物种的内禀增长率常数，$a_{ij} > 0 (i,j = 1,2,3,4,5)$ 表示捕食者的捕食效率。然后，引入耗子的天敌枭，并施用除草剂与杀虫剂后，种群的关系就发生了如图 2.23 的变化。其中，粗线条箭头表示除草剂与杀虫剂的作用范围，此时种群动态数学模型变为

$$\begin{cases} \dfrac{dx_1}{dt} = x_1(a_{10} - a_{11}x_1 - a_{12}x_2 - a_{13}x_3) \\ \dfrac{dx_2}{dt} = x_2(-a_{20} - a_{21}x_1 - a_{25}x_5) - K_2(p(t),w) \end{cases}$$

$$\begin{cases} \dfrac{dx_3}{dt} = x_3(-a_{30} + a_{31}x_1 - a_{36}x_6) \\ \dfrac{dx_4}{dt} = x_4(-a_{40} + a_{45}x_5) - K_4(p(t),w) \\ \dfrac{dx_5}{dt} = x_5(-a_{50} + a_{52}x_3 - a_{54}x_4) - K_5(p(t),w) \\ \dfrac{dx_6}{dt} = x_6(-a_{60} + a_{63}x_3) \end{cases}$$

其中，a_{i0} 和 $a_{ij} > 0 (i,j = 1,2,3,4,5)$ 与上述含义一样。

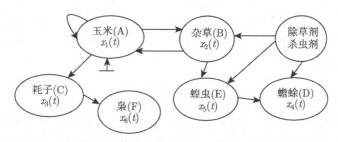

图 2.23 引入天敌与杀虫剂、除草剂后的种群关系

另外，其他学者对于玉米与杂草的关系，还考虑了"时间滞后"这个复杂因素[80]：

$$\begin{cases} \dfrac{\mathrm{d}x_1(t)}{\mathrm{d}t} = x_1(t)\left[b_1(t) - a_1(t)x_1(t-\tau_1(t)) - \dfrac{c(t)x_2(t-\sigma(t))}{\dfrac{x_1^2(t)}{i} + x_1(t) + a}\right] \\ \dfrac{\mathrm{d}x_2(t)}{\mathrm{d}t} = x_2(t)\left[-b_2(t) + \dfrac{a_2(t)x_1(t-\tau_2(t))}{\dfrac{x_1^2(t-\tau_2(t))}{i} + x_1(t-\tau_2(t)) + a}\right] \end{cases}$$

随后，许多学者还研究了其他类型的洛特卡-沃尔泰拉模型的扩展模型[81]。

2.11 单种群扩散动态数学模型

以上种群动态数学模型都是基于每个种群在其生存空间中密度分布均匀的假设条件下建立的，因此种群密度 N 只是时间 t 的函数。而这显然是一种极为特殊和理想化的情况。事实上，从微观角度来看，每个细胞或种群个体都以一种随机的方式不断运动，从而引起个体在空间中的散布。当大量的这种微观随机运动导致宏观的具有某种规律的运动时，它就可以被看作是一种扩散过程[82]。

在生态系统中，扩散现象是普遍存在的，它可减少种内或种间竞争，降低当地种群密度，拓展新的种群分布区域，形成新种，进而达到种群进化的结果。如鱼类、鸟类的迁移，要准确描述其增长规律必须建立种群动态扩散模型。

从 20 世纪 30 年代起，扩散现象开始受到人们的关注，例如：

1937 年，费希尔在《优生学年刊》杂志上提出的一维空间中的种群扩散动态数学模型 $\dfrac{\partial N}{\partial t} = rN(1 - N/M) + D\nabla^2 N$[83]。这个种群扩散动态数学模型从宏观角度考虑了一个种群整体在生存空间总是由高密度区域向低密度区域扩散迁移的趋势[84]。

1952年，英国皇家学会会员、数学家图灵 (Alan Mathison Turing, 1912—1954) 提出了一个开创性观点：扩散可看作是引起相互作用的种群出现一种有序结构或稳定模式的原因[85]。

图灵在其生物数学模型中设想了一种被称为"形态子"的生物分子，它会和其他分子发生反应，并在生物体内随机扩散。通过数学计算，图灵指出"形态子"的分布均匀度会被逐步打破，渐渐出现一种对称性破缺的周期结构，如果它和周围环境的颜色差异较为明显，就将自然出现清晰可辨的空间图案，诸如老虎、豹子等动物的花纹斑点。图灵后期的论文都没有发表，一直等到1992年《艾伦·图灵选集》出版，这些文章才见天日。2012年，《自然》杂志称赞他为有史以来最具科学思想的人物之一。

图灵对于反应扩散方程组的想法基本是这样的：如果方程有一个常数平衡解 (u,v)，也就是代数方程组

$$\begin{cases} f(u,v) = 0 \\ g(u,v) = 0 \end{cases}$$

的解，而且这个解对于常微分方程组

$$\begin{cases} \dfrac{\mathrm{d}u}{\mathrm{d}t} = f(u,v) \\ \dfrac{\mathrm{d}v}{\mathrm{d}t} = g(u,v) \end{cases}$$

是稳定的，但是再加上扩散后这个解就变成不稳定的，那么人们称这个解具有扩散所诱导的不稳定性。因为扩散往往给系统带来光滑性、稳定性，所以这一想法看似有悖常理。但是图灵指出：如果两个扩散系数相差很大时，这种现象是有可能发生的，并且当常数解变得不稳定后，就可以间接说明依赖空间变量非常数解的存在性。图灵认为这种非常数解恰好说明生物在生长历程中，为什么形态各异，而不是单一结构，甚至也隐含了细胞结构分裂、分化的过程。

图灵的理论比当时DNA的发现更为大大超前，以至于发表后的前20年默默无闻，然而在20世纪70年代后却成了非线性科学发展的重要动力之一。后来，有些学者为了方便解决问题，首先将一个大区域分为若干个小斑块，每个斑块被一个相对独立的种群所占有，斑块内部表现为在均匀场假设下的动态变化，斑块之间的联系体现为生物种群在它们之间的迁移，然后对每个小斑块分别建立相应的种群动态数学模型进行研究。比如1951年，斯开拉姆 (J.G. Skellam) 对若干个小斑块的研究[86]；普林斯顿大学莱雯 (S.A. Levin) 教授于1974年提出了下述斑块扩散动态数学模型：

$$\frac{\mathrm{d}u_i^\mu}{\mathrm{d}t} = f_i^\mu(U^\mu) + \sum_{\gamma \neq \mu}^n D_i^{\gamma\mu}(u_i^\gamma - u_i^\mu), \quad i = 1, 2, \cdots, m^{[87]}$$

当 $i=1$ 时，表示单生物种群扩散动态数学模型；当 $i>1$ 时，表示多生物种群扩散动态数学模型。

另外，对于两个斑块的单种群扩散模型，A. Hastings 于 1982 年验证了：若两个斑块的单种群扩散模型存在正平衡点 A，则当扩散率足够大时，A 就趋于稳定[88]。L. J. S. Allen 于 1983 年依据比较原理证明了：当扩散率足够小时，种群仍然可以存活下来[89]；E. Beretta 和 Y. Takeuchi 于 1987 年应用同样原理证明了小扩散不会改变原来系统的稳定性[90]。另外，H. I. Freedman 和 B. Rai 及 P. Waltman 于 1986 年证明了：对于任意扩散率，两个斑块的单种群扩散模型至少存在一个正平衡点；如果正平衡点唯一，则它是全局渐近稳定的[91]。

1990 年，W. G. Aiello 和 H. I. Freedman 提出了著名的具有年龄结构的单种群模型，这为之后研究许多种群成长中具有阶段结构的模型奠定了重要基础[92]。

Y. Takeuchi 于 1996 年研究了下述一般情形下的单种群扩散模型[93]：

$$\frac{\mathrm{d}x_i}{\mathrm{d}t} = x_i f_i(x_i) + \sum_{j=1}^{n} C_{ij}(x_j - x_i), \quad x_i(0) > 0, \quad i = 1, 2, \cdots, n$$

其中，C_{ij} 是所研究的单种群从第 i 个斑块转向第 j 个斑块的扩散系数，x_i 为第 i 个斑块中所研究的单种群的数量，$f_i(x_i)$ 表示第 i 个斑块中所研究的单种群的增长率。

另外，R. Mahbuba 和陈兰荪于 1994 年研究了两个斑块随季节呈周期性变化的周期扩散模型：

$$\frac{\mathrm{d}x_i}{\mathrm{d}t} = x_i[e_i(t) - f_i(t)x_i] + C_i(t)(x_j - x_i), \quad i,j = 1,2, \quad i \neq j^{[94]}$$

2.12 多种群扩散动态数学模型

1994 年，Y. Kuang 和 Y. Takeuchi 讨论了下述具有两个种群的扩散动态数学模型[95]：

$$\begin{cases} \dfrac{\mathrm{d}x_1}{\mathrm{d}t} = x_1(r_1 - k_1 x_1 - a_1 y) + D(x_2 - x_1), & x_1(0) > 0, \\ \dfrac{\mathrm{d}x_2}{\mathrm{d}t} = x_2(r_2 - k_2 x_2 - a_2 y) + D(x_1 - x_2), & x_2(0) > 0, \\ \dfrac{\mathrm{d}y}{\mathrm{d}t} = y(-s - \delta y + c_1 x_1 + c_2 x_2), & y(0) > 0 \end{cases}$$

对于上述模型，张兴安、梁肇军和陈兰荪于 1999 年还证明了其解的全局渐近稳定性[96]。

1997 年，罗茂才、马知恩提出了具有分离扩散的两种群洛特卡-沃尔泰拉模型[97]：

$$\begin{cases} \dfrac{\mathrm{d}x_1}{\mathrm{d}t} = x_1(b_1 - a_1x_1 - c_1y) + D(x_2 - x_1), & x_1(0) > 0, \\ \dfrac{\mathrm{d}x_2}{\mathrm{d}t} = x_2(b_2 - a_2x_2) + D(x_1 - x_2), & x_2(0) > 0, \\ \dfrac{\mathrm{d}y}{\mathrm{d}t} = y(-d + c_2x_1 - qy), & y(0) > 0 \end{cases}$$

并讨论了种群生存的持久性。

2001 年, 崔景安和陈兰荪提出脆弱斑块生态环境下的种群动力学模型[98]:

$$\frac{\mathrm{d}x_i}{\mathrm{d}t} = x_i[b_i(t) - a_i(t)x_i] + \sum_{j=1}^{n} D_{ij}(t)(x_j - x_i), \quad i = 1, 2, \cdots, n$$

并得出结论: 脆弱的斑块生态环境下种群扩散对于种群的灭绝和永久持续生存起着至关重要的作用。

2.13 复合种群动态数学模型

1970 年, 美国数学生态学家莱文思 (Richard Levins, 1930—)(图 2.24) 首先提出 "复合种群" 一词, 它是由经常局部性灭绝, 但又重新定居而再生的种群所组成。

莱文思首先假定有大量面积相同的离散生态环境斑块, 它们相互之间通过迁移被程度相同地连接在一起, 然后他区别了种群动态与某一个局域复合种群动态之间的不同, 并得出简单而又经典的复合种群模型[99]:

$$\frac{\mathrm{d}P}{\mathrm{d}t} = cP(1-P) - eP$$

其中, P 为定居的生态环境斑块比例 (被局域种群占据的斑块数量占总斑块数量的比例), c 和 e 分别为种群的扩散系数和种群的个体死亡率, t 为时间。由该模型得出: 平衡状态时, P 的平衡值 $\hat{P} = 1 - \dfrac{e}{c}$ 将随 $\dfrac{e}{c}$ 的减少而上升, 只要 $\dfrac{e}{c} < 1$, 复合种群就能持续生存下去 $(P > 0)$。

图 2.24 莱文思

图 2.25 中，两条线的交点对应于模型的平衡点。其中，图 (a) 显示了去除斑块后的预期结果，斑块去除降低了侵占率 (c 值减小，虚线下降)，因而也降低了 P 值；图 (b) 显示了因斑块面积减小而造成的预期变化，即 e 增加而 c 减少。

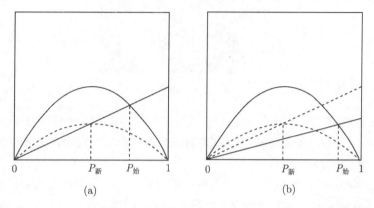

图 2.25 侵占率 (抛物线) 和灭绝率 (直线) 对被占领斑块比例关系图

莱文思建立的复合种群模型尽管简单，但它明确了典型复合种群动态的一个关键属性：复合种群若要持续存在，其侵占率必须高到足以补偿灭绝，并使复合种群大小在很小时能够增长。另外，$\frac{e}{c} < 1$ 或 $\frac{c}{e} > 1$ 表明一个被空白斑块包围的局域种群 (当 P 很小时) 在其生存期 ($1/e$) 内，必须至少建立一个新种群才能使复合种群续存下去。这一重要的阈值条件类似于能够使一个寄生者在寄主种群中扩散的条件。

1991 年，芬兰科学院教授汉斯克 (Ilkka Hanski, 1953—) 研究了莱文思建立的复合种群模型后认为，种群灭绝的风险随斑块面积的增大而减小，侵占的概率随生态环境斑块平均隔离度的增加而减小，并得到了一些尽管直观但却很重要的预言：被占领生态环境的比例 P 随生态环境斑块平均大小及密度的下降而下降。如果斑块 "太" 小或者斑块间的距离 "太" 远，复合种群将会灭绝 ($P = 0$)[100]。

虽然该模型基于一些理想的假设并且模型简单，但却涉及了复合种群的关键性问题，为进一步研究复合种群动态数学模型揭开了序幕[101]。

2.14 霍林种群动态数学模型

1959 年，美国生物数学家霍林 (Crawford Stanley Holling, 1930—)(图 2.26) 将捕食者在不同猎物密度下的觅食行为分为以下三类：

图 2.26 霍林

(1) 捕食者随机搜寻被捕食者,搜寻被捕食者的时间为一个常数,并且捕食所有遇到的被捕食者;单位时间内被捕食的被捕食者数将随被捕食者种群的增加而直线增加 (图 2.27(a),类型 I)[102]。

(2) 捕食者随机搜寻被捕食者,而搜寻被捕食者的时间是与处理被捕食者的时间成反比的变量,并且捕食者的食欲也是有限的。因而,在单位时间内,捕食的被捕食者数只在一定密度范围内随被捕食者种群的增加而增加,超过这一范围将不再增加 (图 2.27(a),类型 II)[103]。

(3) 在第二种类型的基础上,如果单位时间内取食被捕食者的效率不仅受捕食者食量的限制,而且还受其对被捕食者种群低密度下对被捕食者的敏感程度的限制,则单位时间内被捕食的被捕食者数与被捕食者种群密度的关系可以用 "S" 型曲线来描述,即在被捕食者低密度时增加缓慢,在被捕食者中等密度时显著增加,而在被捕食者高密度时增加变缓,直至停止增加 (图 2.27(a) 类型 III)[104]。

捕食者在不同被捕食者密度下的觅食行为曲线图参见图 2.27(b)。霍林推广了洛特卡-沃尔泰拉模型,并且首次提出了 "功能性反应" 的概念。

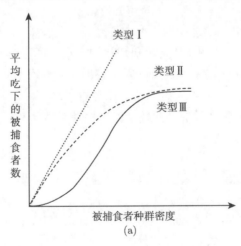

(a)

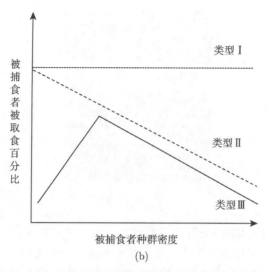

图 2.27 捕食者在不同被捕食者密度下的觅食行为曲线图

1965 年,霍林通过研究上述三种类型,引入了更接近现实的种群动态模型[105],并引起人们极大的兴趣和深度研究。比如,陈凤德、陈晓星、林发兴等在 2005 年研究了一类具有霍林第二种类型的种群动态模型[106]:

$$\begin{cases} \dfrac{\mathrm{d}N_1(t)}{\mathrm{d}t} = N_1(t)[b_1(t) - \beta(t)N_1(t) - a_1(t)N_1(t - \tau_1(t)) \\ \qquad\qquad - c_1(t)N_1'(t - \tau_1(t))] + \dfrac{\alpha(t)N_1(t)}{1 + mN_1(t)}N_2(t - \sigma(t)) \\ \dfrac{\mathrm{d}N_2(t)}{\mathrm{d}t} = -b_2(t)N_2(t) + \dfrac{a_2(t)N_1(t - \tau_2(t))}{1 + mN_1(t - \tau_2(t))}N_2(t) \end{cases}$$

到目前为止,该模型已被许多学者从定性或数值分析的角度进行了分析[107],并从不同角度加以推广[108]。许多复杂但有趣的现象[109]:稳定的极限环、半稳定的极限环、分岔[110]、唯一正常数平衡解的全局渐近稳定性[111]、周期解[112] 等都被揭示出来[113]。

2.15 混沌种群动态数学模型

澳大利亚生物数学家罗伯特·梅 (Robert McCredie May,1936—)(图 2.28) 于 1971 年到普林斯顿高等研究所进行为期一年的访问时,致力于对逻辑斯谛模型的研究,试图用它来揭示非线性种群模型的古怪特性[114],并于 1973 年出版了专著《模型生态系统中的复杂性与稳定性》[115]。

图 2.28 罗伯特·梅

在《模型生态系统中的复杂性与稳定性》中,罗伯特·梅一反当时人们普遍的认识,提出:简单的生态系统比复杂的生态系统更可能趋于稳定,越是复杂的系统,各个物种越难趋于稳定,其种群大小的波动越大。这个结论在当时生态学界的一些学者中引起了轩然大波,产生了许多争议。使用生物数学模型语言,会发现至少有 3 个稳定性定义、4 个复杂性测度指标,这就使得至少有 12 种不同含义的复杂性-稳定性关系。应该注意,他所给出的稳定性主要是指种群的稳定性,而生态系统指标 (如群落总生物量) 的稳定性问题却可能是别样的。他首次表明:一阶非线性差分方程的动力学行为可能是非常复杂的,从稳定点到周期振荡再到混沌,均有可能。另外,他还提出了一个将霍林比率应用于种群动态模型的构建,并得到 Holling-Tanner 捕食-被捕食种群动态模型:

$$\begin{cases} \dfrac{\mathrm{d}u}{\mathrm{d}t} = r_1 u \left(1 - \dfrac{u}{k}\right) - \dfrac{quv}{m+u} \\ \dfrac{\mathrm{d}v}{\mathrm{d}t} = r_2 v \left(1 - \dfrac{v}{\gamma u}\right) \end{cases}$$

其中,$u(t)$ 和 $v(t)$ 分别表示捕食者和被捕食者的种群密度;参数 r_1 和 r_2 分别是这两个物种的内在增长率;常数 k 表示被捕食者的承载能力,γ 代表捕食者相对被捕食者的承载能力,捕食者的捕食速率 $quv/(m+u)$ 是熟知的第二类霍林型功能反应函数;参数 q 代表每个捕食者在单位时间内能够捕食的被捕食者的最大值,m 是相应于捕食者在达到最大捕食速率 q 之一半时的饱和值[116]。

1976 年,罗伯特·梅在《自然》杂志上发表论文《表现非常复杂的动力学的简单数学模型》[117],率先揭示了:通过倍周期分岔能够达到混沌,简单的系统动态模型可以产生极为复杂的行为。

罗伯特·梅从一个简单的生态模型出发,讨论了一个系统是怎样走向混沌的,并首次把环境随机性和空间异质性纳入到种群动态数学模型当中,建立了混沌种群动态数学模型。他首先考虑将逻辑斯谛模型离散化后的递归序列：

$$x_{n+1} = \mu x_n(1-x_n)$$

其中，x_n 代表种群数量，μ 代表种群增长率。然后，他研究了上百个不同参数值 μ。对每个 μ，他观察这成串的迭代数字是否以及在何处趋向于一个不动点——比如 $\mu = 2.7$ 时，x_n 为 0.6292；随着 μ 增大，x_n 也稍有增加。如果将 μ 表示在横轴上，将种群数量 x_n 表示在纵轴上，则当 μ 限定在 0 与 3 之间时，x_n 依赖于 μ 的变化就会形成一条从左向右微微上升的曲线。但当 μ 超过了 3 时，曲线突然一分为二，x_n 的值在两个不同数之间振荡，表现为周期 2 循环，此时定态失稳，成为周期性的[118]。

罗伯特·梅发现：当把 μ 增大到 3.444… 时，周期 2 吸引子也失稳，出现周期 4 循环，即 x_n 在 4 个不同值之间跳跃，周期再次加倍。当 μ 增大到 3.56，周期又加倍到 8；再到 3.567 时，周期就达到 16，此后便是更快速的 32，64，128，… 周期倍增数列，这种现象叫做倍周期分岔。这种倍周期分岔速度如此之快，以至到 3.5699 就结束了，导致倍周期分岔现象突然中断，周期性让位于混沌，表现为一种永不落入定态的涨落。所有这一切看起来是非常简单的，当 μ 从 0 趋向 4 时，动态的复杂性稳定增长：定态 → 周期性态 → 混沌性态。倍周期分岔则是使混沌开始发生的机制。

罗伯特·梅进一步发现：随着 μ 值的继续增大，稳定的周期又突然出现，倍周期分岔以更快的速度全面展开，很快地经过 3，6，12，… 或 7，14，28，… 这些周期，然后再次中断，并进入新的混沌。他把不同 μ 值的迭代结果画在一张图上，得到倍周期分岔图，从中可以了解逻辑斯谛模型的全部动力学性态。分岔是动力学系统的吸引子定性形式的任何变化；逻辑斯谛模型恰恰充满着分岔。如此复杂的动态行为使罗伯特·梅深感震惊，他把它描述为"数学草丛中的一条蛇"。进一步的观察还发现，即使在混沌区也不包含着复杂、精细的几何结构[119]——首先，从 μ 由大到小看混沌区的变化会发现：当 μ 为 4 时，呈单片混沌；当 μ 降至 3.6786 时，混沌区一分为二，迭代数值在两个混沌带之间来回跳跃；当 μ 为 3.5926 时，两个混沌带分成 4 个，然后 8 个带，16 个带，…，直到临界参数 3.5699 为止；混沌区以与周期区相反的方向从右向左依次分为 2^1，2^2，…，2^n，… 个带，称为混沌区的倒分岔[120]。其次，混沌区的窗口内也非空白。窗口内的演化是周期性的，最大的一个窗口是周期 3 窗口，位于 3.828 处。往左还有 5，7，9，… 周期窗口。在 2^n 带区内，有 $2^n \times 3$，$2^n \times 5$，$2^n \times 7$，… 周期窗口。若把周期窗口中某一部分放大，会发现与分岔图相同的精细结构。这种二级结构与一级结构构成了奇妙的自相似嵌套结构。进一步把二级结构放大，还会发现嵌套在内的三级结构，四级结构，…。可见，生态系统的波动可能是内在的而非源于随机振荡，初始条件的微小变动对生态系统未来演化的结果会产生巨大的影响。然而生态系统在混沌的外表下可能隐藏着良好的有序结构，虽然长期的预测是不可能的，但对短期行为的预测是可能的，混沌区中存在着无穷层次的自相似混沌种群动态数学模型[121]。

2.16 小　　结

通过对上述 15 种生物种群动态数学模型的产生和发展过程进行梳理，可以看出：随着生物数学家对生物学认识的不断深化以及更多的数学方法应用到生物学中，相应的种群动态数学模型也逐渐完善，并与各种生物现象的定性研究相辅相成、相互促进。

很多种群动态数学模型已能圆满地解释生物学领域中的诸多现象。对种群动态数学模型研究的不断改进来自于实际问题的复杂性，如果要让种群动态数学模型充分反映现实背景，其数学形式将是非常复杂以至大大超出数学家所能及的能力，所以早期的模型不得不做很多简化，只保留那些认为是最重要的因素。因此，早期的种群动态数学模型的表现形态大多是低维、自治的常微分方程模型，后来慢慢到高维情形，再到泛函微分方程，扩散方程等；种群动态数学模型的改进（相应地增加了数学的难度）使其可以更多地体现实际背景中的要素，这使得其预测结果与实际走得越来越近，从而能更好地解释生物学现象和解决相应问题，并推动了生物数学学科的形成与发展。

第3章 生物统计学思想的起源与发展

生物统计思想主要包括均值思想、变异思想、估计思想、相关思想、拟合思想、检验思想等。生物统计学是生物数学中最早形成的一大分支，它是在用统计学的原理和方法研究生物学的客观现象及问题的过程中形成的[122]，生物学中的问题又促使生物统计学中大部分基本方法进一步发展。

在原始社会时期，人类简单的计数活动孕育着统计的萌芽。据历史记载，公元前2250年，中国大禹治水，根据山川土质、人口和物资统筹开凿河道，在测量土地、清点人口和牲畜、观测天象的过程中，总结出了九九乘法口诀；公元前22世纪（夏禹时期），人们已经能够运用"准绳""规矩"等工具进行实地测量，如《后汉书》记载："禹平水土，还为九州，今禹贡是也"，《书经·禹贡篇》记述了九州的基本人口统计状况。到了商代，人们就能够对社会资源和劳动成果进行一般的算术计算了；西周时期，建立了统计报告制度，称日报为"日成"，月报为"月要"，年报为"岁会"；秦统一中国以后，建立了中央集权制国家，从中央到地方形成了比较完善的"上计"报告制度。进入封建社会以后，户籍统计和田亩统计等都有很大的发展，其制度、方法和组织都居于当时世界先进水平；中国各朝代对土地、人口、财产和年龄都有统计资料可查，并绘有图表。由此可见，生物统计方法在中国早已应用，只是没有专门研究，没有形成系统知识[123]。

其他国家，例如：埃及在公元前27世纪，为了建造金字塔和大型农业灌溉系统，曾进行过全国人口和财产调查。大约公元前6世纪，罗马帝国就以国势调查作为治理国家的手段，规定每5年进行一次人口、土地、牲畜、家奴的调查，并以财产总额作为划分贫富等级以及征丁课税的依据[124]。

历史上最早出现的现代意义下的生物统计标志，可以看作是英国统计学家格朗特于1662年建立的生命表模型，其具有技巧性的分析显示出将一些庞杂、令人糊涂的数据化简为几个说明问题的表格的价值。他注意到：在非瘟疫时期，一个大城市每年死亡数有统计规律，而且出生儿的性别比为1.08，即每生13个女孩就有14个男孩；大城市的死亡率比农村地区要高。在考虑了已知原因的死亡及不知死亡年龄的情况下，格朗特估计出了6岁之前儿童的死亡率，并相当合理地估计出了母亲的死亡率为1.5%。随后，格朗特从杂乱无章的材料中得出了重要结论，提出了"大数恒静定律"这一生物统计学上的基本原理[125]。

3.1 拉普拉斯思想

法国数学家拉普拉斯 (Pierre Simon Marquis de Laplace, 1749—1827)(图 3.1) 在 1812 年出版的《分析概率论》[126] 中:

图 3.1 拉普拉斯

(1) 推出了对男子出生比例的类似的渐近公式。

(2) 阐明了生物统计学的大数定律。拉普拉斯认为:"由于现象发生的原因,是为人们所不知或知道了也因为原因繁复而不能计算;发生原因又往往受偶然因素或无一定规律性因素所扰乱,以至事物发展发生的变化,只有进行长期大量观察,才能求得发展的真实规律。概率论则能研究此项发展改变原因所起作用的成分,并可指明成分多少"。

(3) 拉普拉斯结合概率分布模型和中心极限思想来研究最小二乘法,并系统地把数学分析方法运用到概率论研究中去,建立了严密的概率数学理论。《分析概率论》不仅总结了他自己过去的研究,而且还总结了前一代学者研究概率论的成果,开创了用分析方法研究随机现象的先河,是概率论发展进入分析概率时期的标志。

(4) 进行了大样本推断的尝试。拉普拉斯首先建立了概率积分,这为计算区间误差提供了有力手段。他还提出"拉普拉斯中心极限定理"(大偏差理论的一部分),初步建立了大样本推断的理论基础,并通过对法国巴黎等 30 个市县的出生率进行深入调查,推算出了全国人口的总数,探讨了婚姻、死亡、出生等问题。尽管拉普拉斯的方法和结果还相当粗糙,但在生物统计史上,他利用样本来推断总体的思想方法,为后人开创了一条抽样调查的新路子。

3.2 凯特勒特思想

1835 年，比利时数学家凯特勒特 (图 3.2) 在将概率论引入统计学时，提出了增长阻抗等统计学新概念。

图 3.2 凯特勒特

凯特勒特根据大数定律的原理提出了大样本观察法，利用统计观察资料与二项分布、正态分布等方法计算和研究生物学现象的数量规律性，并用于预测未来的发展情况[127]。

1841 年，凯特勒特出任比利时中央统计委员会会长；1851 年，他积极筹备国际统计学会组织，并任第一届国际统计会议主席。

凯特勒特在其著作《社会物理学》中利用大数定律论证了社会生活中的随机偶然现象贯穿着必然的规律性。他运用概率论原理提出了著名的"平均人"(average man) 的概念，计算人类自身各性质标志的平均值，通过"平均人"来探索社会规律。他认为，社会上所有的人与"平均人"的差距越小，则社会矛盾就越缓和。他引进的所谓"平均人"的概念，起了总体概念的先驱作用。

凯特勒特曾致力于比利时国势调查以及组织国际统计活动。他被统计学界尊称为"国际统计学会议之父"和"近代统计学之父"，其主要贡献是发现了大量现象的统计规律性，并开创性地应用了许多统计方法，为生物统计学的发展奠定了基础[128]。他的主要功绩还在于使统计方法获得了普遍应用。他对很多学科 (如天文学、数学、物理学、生物学、社会统计学及气象学等) 均有研究，并将统计方法应用到上述研究范围上去，同时强调了正态分布的用途，主张这一分布状态可以适用于许多学科范畴。

3.3 孟德尔思想

1856 年，奥地利生物统计学家孟德尔根据前人的工作，开始了长达 8 年的豌豆试验，并于 1865 年，通过总结遗传规律，在布隆自然科学学会上宣读了他的论文《植物杂交试验》，提出了遗传因子的分离定律、自由重组定律。

孟德尔应用生物统计方法进行分析后认为：生物的性状由体内的遗传因子决定，而遗传因子可从上代传给下代。他为近代颗粒性遗传理论奠定了科学的基础(详细情况可参见本书 "7.1 孟德尔对生物数学思想发展的影响")。

3.4 高尔顿思想

英国生物统计学家高尔顿曾于 1845 至 1852 年深入到非洲腹地进行探险和考察，搜集了很多资料，并投入很大精力钻研资料中所隐藏的数学模型及相关关系。

1870 年，高尔顿在研究人类身长的遗传时发现：高个子父母的子女，其身高有低于他们父母身高的趋势；相反，矮个子父母的子女，其身高却往往有高于他们父母身高的趋势；从人口全局来看，高个子的人 "回归" 于一般人身长的期望值，而矮个子的人则作相反的 "回归"，即有 "回归" 到平均数去的趋势，这是统计学上 "回归" 的最初涵义。

1877 年，高尔顿把父母与子女之间在身长方面的定性认识具体化为定量关系。1886 年，他在其论文《在遗传的身长中向中等身长的回归》中，正式提出了 "回归" 概念。

1882 年，高尔顿在度量甜豌豆的大小时，觉察到子代在遗传后有 "返于中亲" 的现象，因而开设了人体测量实验室。在接下来的连续 6 年中，他共测量了 9337 个人的 "身高、体重、阔度、呼吸力、拉力和压力、手击的速率、听力、视力、色觉及每个人的其他相关资料"。他深入钻研那些资料中所隐藏的内在联系，最终于 1888 年得出了 "祖先遗传法则"，并在其论文《相关及其主要来自人体的度量》中充分论述了 "相关" 的统计意义，提出了 "高尔顿相关函数 (相关系数)" 的计算公式，创造了统计相关法。统计相关法是误差理论与生物统计学之间的桥梁，使得统计相关法成为当时生物统计学最重要的手段之一。

1889 年，高尔顿在其著作《自然的遗传》(*Nature Inheritance*) 中，把总体的定量测定法引入遗传研究中，并用百分位数法和四分位偏差法代替离差度量，引进了回归直线、相关系数的概念，提出了 "平均数离差法则"，开创了回归分析多维数据的统计方法 (此前的统计方法都是单指标性的，不能顾及指标间的相互关系，无法得出符合实际的结论)。他通过总体测量发现，动物或植物的每一个种别都可以决定一个平均类型，而在同一个种别中，所有个体都围绕着这个平均类型，并把它当作轴心向多方面变异。此外，高尔顿在其《自然的遗传》著作中还明确给出了"生物统计学"名词及中位数、百分位数、四分位数及四分位偏差等概念[129]。

1895 年，他在达尔文所著《物种起源》的启发和激励下，把达尔文的进化论直接应用于人类，并将人类学、遗传学、统计学的研究结合在一起，开始了创建生物优生学的探索。另外，他对人类智能和遗传的关系很感兴趣，曾调查过 300 个人（其中包括法官、政治家、文学家、科学家等）的家谱，并写了《遗传的才能和性格》《遗传的天才》《对人类才能的调查研究》《优生学的定义、范围和目的》《优生学论文集》等一系列论述优生思想和优生学等方面的 200 篇论文和十几部专著，而数学在其中始终起着重要作用[130]。

高尔顿的理论从 19 世纪最盛行的正态分布出发，通过一系列的测量研究工作，发现几乎所有的数据都符合正态分布，在进一步的研究中得到了相关回归这个生物统计学最重要的工具，对生物统计学发展起到了极其重要的作用。

1901 年，高尔顿及其学生卡尔·皮尔逊在为《生物统计学》(*Biometrika*) 杂志所写的创刊词中，首次为他们所运用的统计方法论而明确提出并解释了"生物统计学"这个名词。高尔顿解释道："所谓生物统计学，就是应用于生物学中的现代统计方法"。从高尔顿及后续者的理论研究与实践来看，他们把"生物统计"看作是用统计方法研究生物科学中的问题，更主要的是发展在生物科学应用中的统计方法本身 (详细情况可参见本书 "7.3 高尔顿对生物数学思想发展的影响")[131]。

3.5 卡尔·皮尔逊思想

1879 年，英国生物统计学家卡尔·皮尔逊 (图 3.3) 毕业于剑桥大学，并获优等生称号。在校期间，他除了主修数学外，还学习法律。1881 年，他取得了律师资格和法学学士学位，随后，去德国海登堡大学和柏林大学留学。他于 1882 年获文学硕士学位，接着又获博士学位。他历任伦敦大学应用数学系主任、优生学教授、"高尔顿实验室"主任[132]。

1889 年，卡尔·皮尔逊提出矩估计法，次年又提出了频率曲线的理论。

1894 年，他在《关于不对称频率曲线的分解》一文中，首先把非对称的观察曲线分解为几个正态曲线。他利用所谓"相对斜率"的方法得到 12 种分布函数型，其中包括正态分布、矩形分布、J-分布、U-分布等。卡尔·皮尔逊的第Ⅰ，Ⅱ，Ⅲ，Ⅳ及Ⅶ型分布曲线经费希尔的进一步完善，出现于现在的小样本理论内。尽管，卡尔·皮尔逊的关于曲线体系的推导方法缺乏理论基础，但也给后人不少启迪。

图 3.3 卡尔·皮尔逊

1895 年，卡尔·皮尔逊从生物统计资料的经验分布中，注意到：许多生物上的度量不具有正态分布，而常常呈偏态分布，甚至倾斜度很大；也不一定都是单峰，也有非单峰的。他选定常微分方程来描述频率曲线，通过解这个微分方程，导出了 13 种频率曲线形式，并首创频数分布表与频数分布图，得出了频率分布的一般性质。

1896 年，卡尔·皮尔逊在《进化论的数理研究：回归、遗传和随机交配》一文中，导出了乘积动差相关系数公式和其他两种等价的公式，提出了线性相关计算公式和一元线性回归方程式以及回归系数的计算公式。他还进一步以三个变量为例，阐述并发展了回归与一般相关理论[133]。

1899 年，他和剑桥大学的动物学家在讨论达尔文的自然选择理论时，发现他们在区分物种的时候，所用数据有"好"和"比较好"的说法。于是卡尔·皮尔逊潜心研究数据的分布理论，在其论文《机遇的法则》中提出了"概率"和"相关"的概念。接着又提出"样本总体""复相关""众数""总相关""标准方差"及其符号"σ""变差系数""相关比""正态曲线""平均变差""均方根误差"等一系列生物统计学上的基本术语，并将统计应用于生物遗传和进化等问题，得到生物统计学的一些基本法则，另外还创造了一系列方法：卡尔·皮尔逊分布族、矩法等。

1900 年，卡尔·皮尔逊在德国数学家赫尔梅特发现"χ^2-分布"的基础上，提出了有名的"χ^2-检验"，这是生物统计形成过程中出现的第一个小样本分布。在自然现象的范围内，"χ^2-检验"运用得很广泛。后来经过费希尔补充改进后，拟合优度 χ^2-检验成为小样本推断统计的早期方法之一[134]。

卡尔·皮尔逊指出：当理论预测数量 $y_i(i = 1, 2, \cdots, n)$ 与实际数量 $s_i(i = 1, 2, \cdots, n)$ 偏离度的度量 $\sum_{i=1}^{n} \frac{(s_i - y_i)^2}{y_i}$ 的总数量无限增加时，则其服从自由度为 $n-1$ 的 χ^2-分布。根据这一理论进行 χ^2-检验。该检验方法要求 s_i 不少于 5，若不足，则将两相近数据归并在一起。

1901年，卡尔·皮尔逊对个体变异性、统计量的概率误差进行了深入的研究，将统计学应用于遗传学和进化论。

1902年，卡尔·皮尔逊和高尔顿等主持创办了著名的《生物统计学》杂志。卡尔·皮尔逊于1901—1936年担任该杂志的主编。这一杂志至今在国际上仍享有盛名。另外，他还担任过《优生学年刊》的编辑。他的著作有：《对进化论的数学贡献》《统计学家和生物统计学家用表》《死亡的可能性和进行论的其它研究》等[135]。

3.6　戈塞特思想

卡尔·皮尔逊的学生、英国统计学家戈塞特 (William Sealey Gosset，1876—1937)(图3.4) 在其22岁大学双学位毕业后，进入英国爱尔兰都柏林的吉尼斯酿酒公司工作，并担任该公司的化学技师。

图 3.4　戈塞特

戈塞特在长期从事生物实验和数据分析工作中发现：抽样出来的酵母菌细胞数可以由概率分布中的泊松分布来描述，进而能控制酿造过程，使生产出来的啤酒质量更具稳定性，并可以尽可能少消耗原料。这是应用小样本及从小样本得到可靠知识的重要实验结果，从而创立了 t-分布方法。但在当时，由于戈塞特所在公司害怕商业机密外泄，禁止员工对外发表文章，所以，戈塞特于1908年在《生物统计学》杂志上以"Student"为笔名发表了此项结果，故后人称 t-分布为"学生分布"[136]。

戈塞特以"学生分布"开创了小样本代替大样本统计理论，利用"学生分布"方法就可以从大量的产品中，只抽取较小的样本来完成对全部产品质量的检验和推断。

在戈塞特的论文中，他对总体方差 $\sigma^2 = \dfrac{\sum (X-\mu)^2}{N}$ ($X-\mu$ 为随机变量 X 与总体数学期望 μ 的离均差，N 为随机变量的总数) 进行了详细研究。由于在实际工作中数学期望 μ 往往是未知的，所以只能用样本均值 $\overline{X}$ 作为总体数学期望 μ 的估计值，即用 $\sum(X-\overline{X})^2$ 来代替 $\sum(X-\mu)^2$，用样本个数 n 来代替 N。但这样替换后所计算的结果总是比实际 σ^2 要小。戈塞特在他的论文中通过用 $n-1$ 来替换掉 n 进行校正，得到了更符合实际需要的被称为具有 $n-1$ 自由度的样本方差

$$S^2 = \frac{\sum(X-\overline{X})^2}{n-1}$$

1909 年，戈塞特连续发表了论文《相关系数的概率误差》和《非随机抽样的样本平均数分布》；1917 年又发表了《从无限总体随机抽样平均数的概率估算表》等。他在这些论文中：第一，比较了平均误差与标准误差的两种计算方法；第二，研究了泊松分布应用中的样本误差问题；第三，建立了相关系数的抽样分布；第四，详细介绍了学生分布，即 t-分布。这些论文的完成，为小样本理论奠定了基础。同时，也为以后的样本资料的统计分析与解释开创了一条崭新的路子。由于戈塞特开创的理论使统计学开始由大样本向小样本、由描述型向推断型发展，从而使统计学研究对象从群体现象转变为随机现象，开辟了小样本理论分布研究的新纪元[137]。

不过在当时，戈塞特的结果并没有被人们所接受。10 年后，通过英国统计学家费希尔对戈塞特结果的严密证明及推广后，其结果才广为人知。

t-分布的统计量定义为 $t = \dfrac{\xi}{\sqrt{\chi^2/f}}$，其中 ξ 服从标准正态分布 $N(0,1)$，χ^2 是遵从具有 f 自由度的 χ^2-分布，并且 ξ 与 χ^2 相互独立。f 称为该 t-分布的自由度。

在实际应用时 t-分布常常采取下面的形式，此形式是具有 $n-1$ 自由度的 t-分布：

$$t = \frac{\overline{x}-\mu}{S}\sqrt{n}$$

其中，$\overline{x}$ 和 S 分别是服从正态分布 $N(\mu,\sigma)$ 的 n 个互相独立观测数据的平均值和标准差。

如果 η 服从正态分布 $N(\mu,\sigma)$，$\eta_1,\eta_2,\cdots,\eta_n$ 是相互独立的 n 个观测数据，则其平均值 $\overline{x}$ 和样本标准差 S 可以分别表示为

$$\overline{x} = \frac{1}{n}\sum_{i=1}^{n}\eta_i, \quad S = \left[\frac{1}{n-1}\sum_{i=1}^{n}(\eta_i-\overline{x})^2\right]^{\frac{1}{2}}$$

显然 $\dfrac{\overline{x}-\mu}{\sigma}\sqrt{n}$ 服从标准正态分布 $N(0,1)$，而且 $(n-1)S^2/\sigma^2 = \dfrac{1}{\sigma^2}\sum_{i=1}^{n}(\eta_i-\overline{x})^2$ 是具有 $n-1$ 个自由度的 χ^2-分布；再按照 t-分布的定义，取 $f = n-1$，并将

$$\xi = \frac{\overline{x} - \mu}{\sigma}\sqrt{n} \ \text{与}\ \chi^2 = (n-1)S^2/\sigma^2\ \text{代入}\ t = \frac{\xi}{\sqrt{\chi^2/f}}\ \text{可得上述表示式}。$$

自由度为 f 的 t-分布，分布密度函数如下：

$$P(t) = \frac{1}{\sqrt{f}B\left(\frac{1}{2}, \frac{f}{2}\right)} \cdot \frac{1}{\left(1 + \frac{t^2}{f}\right)^{-\frac{f+1}{2}}}$$

其中 $B\left(\frac{1}{2}, \frac{f}{2}\right)$ 为 β 函数。

当自由度 $f > 30$ 时，t-分布近似于标准正态分布 $N(0,1)$。

3.7 费希尔思想

1909 年，英国生物统计学家费希尔进入剑桥大学攻读数学和理论物理。他于 1912 年毕业后曾办过工厂，后来又管理过罗坦斯泰德农业试验站，还当过中学教师。

费希尔对生物统计学感兴趣的时间是从他在罗坦斯泰德农业试验站工作期间研究概率分布开始的。他把罗坦斯泰德农业试验站 66 年的施肥、田间试验和气候资料加以整理、归纳，从中提取出信息，作为他对生物统计方法进行理论研究的基础[138]。

1915 年，他在《生物统计学》杂志上发表的论文《无限总体样本相关系数值的频率分布》被称为生物统计学中关于现代推断方法的第一篇论文。

1918 年，他在《孟德尔遗传试验设计间的相对关系》一文中，首创"方差"和"方差分析"两个概念。

1921 年，他发表的论文《理论统计学的数学基础》奠定了生物统计学的总体框架。

1923 年，他对小样本理论作了进一步地研究，推广了 t-检验法，发展了显著性检验及估计理论，提出了 F-分布、F-检验、F 统计量、最大似然估计、方差分析等重要方法和思想。

两个自由度分别为 f_1 和 f_2 且相互独立的 χ^2-分布，记作 χ_1^2 和 χ_2^2，统计量 $F_{f_1 f_2} = \dfrac{\chi_1^2/f_1}{\chi_2^2/f_2}$ 称为具有自由度 f_1 和 f_2 的 F-分布统计量。

F-分布的分布密度函数是

$$P(x) = \begin{cases} \dfrac{\Gamma\left(\dfrac{f_1+f_2}{2}\right)}{\Gamma\left(\dfrac{f_1}{2}\right)\Gamma\left(\dfrac{f_2}{2}\right)} \cdot f_1^{\frac{f_1}{2}} f_2^{\frac{f_1}{2}} \cdot \dfrac{x^{\frac{f_1}{2}-1}}{(f_2+f_1 x)^{\frac{f_1+f_2}{2}}}, & x>0 \\ 0, & x \leqslant 0 \end{cases}$$

其中 $\Gamma(\ )$ 表示伽玛函数。

1925 年,他发表的论文《点估计理论》中的方法沿用至今,并出版了《研究人员用统计方法》一书——该书后来被翻译成各种语言,并再版了 14 次。该书中,他提出了重要的试验设计方法,将一切科学试验从某一个侧面"科学化",节省了大量的人力和物力,提高了若干倍效率。费希尔的试验设计是一股巨大的推动力量,把一种数学游戏变成了节约人力、物力的具有重大价值的科学方法,并在罗坦斯泰德农业试验站得到检验与应用。另外,他还在试验设计中提出了"随机化"原则[139]。1930 年,他出版了《自然选择的遗传原理》[140]。1933 年,他离开罗坦斯泰德,在伦敦大学教授优生学;同年,他在《优生学纪事》杂志上发表了著名的论文《多重测定在分类问题中的用处》[141]。

1935 年,他出版了《试验设计》[142]。1938 年,他与叶特思 (Frank Yates, 1902—1994)(图 3.5) 合著出版了《供生物、农业与医学研究用的统计表》[143]。

图 3.5 叶特思

1943 年,他又回到剑桥大学任遗传学教授,并于 1949 年出版了《近亲交配理论》[144]。

1950 年,他出版了《对生物统计的贡献》[145]。

1956 年,他总结其生物统计学研究,著《统计方法和科学推断》一书,开辟了多元统计分析的方向。他在该书中关于多元正态总体的统计分析,就是一种狭义的多元分析[146]。

1959 年，他退休后，在澳大利亚度过了人生的最后 3 年。

费希尔一生先后写作论文 329 篇，其中 294 篇代表作收集在《费希尔论文集》中[147]。这位多产作家的研究成果特别适用于生物学领域，但其影响已经渗透到一切应用统计学领域，由此所提炼出来的推断统计学已越来越被广大学者所接受 (详细情况可参见本书 "7.4 费希尔对生物数学思想发展的影响")。

3.8 奈曼-伊亘·皮尔逊假设检验理论

1928 年，英国生物统计学家奈曼 (Jerzy Neyman，1894—1981)(图 3.6) 与卡尔·皮尔逊之子伊亘·皮尔逊 (Egon sharpe Pearson，1895—1980)(图 3.7) 的论文给出了奈曼-伊亘·皮尔逊引理，使假设检验与估计理论换了一个新面貌[148]。

图 3.6 奈曼　　　　　　图 3.7 伊亘·皮尔逊

他们的论文包括对费希尔早先提出的许多想法的重新整理和修正。比如在假设检验问题中，奈曼和伊亘·皮尔逊对于 "一样本的样本平均数值如果小于 15.09，则拒绝 H_0" 提出了下述几个问题：为什么人们要设 15.09 以左为临界域？为什么不取 0.025 在分布曲线极左的面积和 0.25 在分布曲线极右的面积成 "双尾" 临界区域？选取临界域时必须选用何种准则？人们需要用直觉还是用严谨的数学？奈曼和伊亘·皮尔逊将因此会涉及的两类不同形态的错误，命名为第一类错误和第二类错误。

奈曼和伊亘·皮尔逊总结他们的发现后，归纳成下述原则："在所有具有相同第一类错误的试验 (临界域) 中，优先选用具有最小第二类错误的临界域"。他们分别于 1936 年和 1938 年提出统计假设检验学说，对假设检验的理论问题作了系统的研究，并创立了 "奈曼-伊亘·皮尔逊" 假设检验理论。

奈曼在 1934 年建立了置信区间估计理论。1936 年，奈曼在假设检验理论中，引进检验功效函数概念，以此作为判断检验算法好坏的标准，并取得了许多成果。

奈曼和伊亘·皮尔逊的论文澄清了推断理论，特别是澄清了常被批评的有关显著性检验的基本原理 (早期的显著性检验为关于二个变量之间或均值之间的检验，曾被卡尔·皮尔逊推广至 χ^2-检验，后来又被费希尔推广到 F-检验。另外，费希尔同时还推广了 t-检验)。奈曼与伊亘·皮尔逊为了更有效地解决问题，考虑了与待检验的零假设相对应的备选假设。他们在这样的检验中设立了两种误差，并给出了似然比检验、势、置信限的概念，验证了大多数常见的显著性检验的应用实例。

1946 年，瑞典数学家克拉默尔 (Harald Cramér, 1893—1985)(图 3.8) 出版了《统计学的数学方法》一书，总结了二次大战前生物统计学发展的大部分工作[149]。

图 3.8　克拉默尔

3.9　生物统计学常用术语与指标的产生

生物统计学的常用术语是在研究实际生物问题中逐渐产生的。"随机" 思想是生物统计学的灵魂，也是无偏估计的基础。

3.9.1　总体与样本

"总体" 与 "样本" 最初由卡尔·皮尔逊于 1899 年在其论文《机遇的法则》中提出：根据研究目的确定的研究对象的全体称为总体，其中的一个研究单位称为个体，总体的一部分称为样本。例如，研究奶牛头胎 305 天产乳量，所有奶牛头胎 305 天产乳量观测值的全体就构成奶牛头胎 305 天产乳量总体；而观测 300 头奶牛头胎 305 天产乳量所得的 300 个观测值则是奶牛头胎 305 天产乳量总体的一个样本，这个样本包含有 300 个奶牛个体。

含有有限个生物个体的总体称为有限总体，例如，上述奶牛头胎 305 天产乳量总体中，虽然包含的个体数目很多，但仍为有限总体；包含无限多个生物个体的总体称为无限总体，例如，在生物统计理论研究上服从正态分布的总体、服从 t-分布的总体，它们通常包含一切实数的超大量统计数据，属于无限总体。

在实际研究中还有一类假想总体。例如，进行几种饲料的饲养试验，实际上并不存在用这几种饲料进行饲养的总体，只是假定有这样的总体存在，把所进行的试验看成是假想总体中的一个样本。

样本中所包含的个体数目称为样本大小或容量。例如，上述奶牛头胎 305 天产乳量的样本容量为 300。样本容量常记为 n。通常把 $n \leqslant 30$ 的样本叫小样本，$n > 30$ 的样本叫大样本。

总体可以反映"遗传力"，个体可以反映"重复力"——个体在不同次生产周期之间某一数量性状的表型值可能重复的程度。重复力常常用来度量某一性状的基因型在波动的环境中所表达的稳定性。如上述奶牛总体中的一头奶牛的牛奶乳脂率的重复力如果为 85%，则表明重复力较高，测量少数几次就能大致确定该奶牛今后的乳脂率水平；重复力也可以用于研究生物种群中某种数量性状在不同环境中的近似程度；由于重复力是组内相关系数，所以它还可以用来确定某一表型值必需测量的最小次数。此外，重复力还可以用来估算生物种群或生物个体某一性状的稳定性。

在生物统计学研究中，经常构造由随机生物变量组成的一个有序生物序列 $\{x(s,t), s \in S, t \in T\}$，其中 S 表示生物样本空间，T 表示序数集。对于每一个 $t, t \in T, x(\cdot, t)$ 是生物样本空间 S 中的一个随机生物变量。对于每一个 $s, s \in S, x(s, \cdot)$ 是该有序生物序列在序数集 T 中的一次实现。

生物统计学常常通过样本来了解总体——研究的目的是要了解总体，然而能观测到的却是样本，通过样本来推断总体是生物统计分析的基本特点。这是因为或者总体是无限的、假想的；或者总体是有限的，但包含的生物个体数目相当多，要获得全部观测值需花费大量人力、物力和时间；或者观测值的获得带有破坏性，例如，对猪的瘦肉率的测定，一般首先将猪屠宰后，把剥离板油和肾脏的胴体分割为皮、脂肪、瘦肉、骨四部分，再进行计算，不允许也没有必要对每一头猪都进行屠宰测定。

3.9.2 参数与统计量

为了表示总体和样本的数量特征，需要计算出几个特征数。由总体计算的特征数叫参数；由样本计算的特征数叫统计量。常用希腊字母表示总体参数，例如，用 μ 表示总体数学期望，用 σ 表示总体标准方差；常用拉丁字母表示总体统计量，例如，用 $\bar{x}$ 表示总体样本均值，用 S 表示总体样本标准方差。总体参数由相应的统计量来估计，例如，用 $\bar{x}$ 估计 μ，用 S 估计 σ 等。

样本的统计量一般为已知函数，其作用是把样本中有关总体的信息汇集起来。常用样本统计量有样本矩、次序统计量、U-统计量和秩统计量等。其中 U-统计量是美国统计学家霍富汀 (Wassily Hoeffding) 在 1948 年提出的。统计量的充分性和完全性是两个重要概念。充分性是费希尔在 1925 年引进的，奈曼和美国数学家哈尔莫斯 (P. Halmos, 1916—) 在 1949 年严格证明了一个判定统计量充分性的方法，叫做因子分解定理。统计量的分布叫做抽样分布，它的研究是生物统计中的重要课题。

对一维正态总体，有 3 个重要的抽样分布，即 χ^2-分布、t-分布和 F-分布。其中，t-分布是英国统计学家戈塞特 (笔名 "学生") 于 1908 年提出的；F-分布是费希尔在 20 世纪 20 年代提出的。而 χ^2-分布则是赫尔梅特于 1875 年在研究正态总体的样本方差时得到的：

如果有 f 个相互独立的，服从标准正态分布 $N(0,1)$ 的随机变量 $\xi_i(i=1,2,\cdots,f)$，作统计量

$$\chi_f^2 = \sum_{i=1}^{f} \xi_i^2$$

该统计量称为具有 f 自由度的 χ^2-分布的变量。

χ^2-分布也可采取另一种表示方式。如果 $x_i(i=1,2,\cdots,f)$ 是相互独立服从一般正态分布 $N(a,\sigma)$ 的随机变量，作变换 $\dfrac{x_i-a}{\sigma}$，显然这是服从标准正态分布的随机变量。统计量

$$\chi_f^2 = \frac{1}{\sigma^2} \sum_{i=1}^{f} (x_i - a)^2$$

是具有 f 自由度的 χ^2-分布变量。

统计量

$$\chi_{f-1}^2 = \frac{1}{\sigma^2} \sum_{i=1}^{f} (x_i - \overline{x})^2$$

却是具有 $f-1$ 自由度的 χ^2-分布变量，其中 $\overline{x} = \dfrac{1}{f}\sum\limits_{i=1}^{f} x_i$。

通过简单计算可以得到下述 χ^2-分布的分布密度函数：

$$P_f(x) = \begin{cases} \dfrac{1}{2^{\frac{f}{2}} \Gamma\left(\dfrac{f}{2}\right)} x^{\frac{f}{2}-1} e^{-\frac{x}{2}}, & x > 0 \\ 0, & x \leqslant 0 \end{cases}$$

其中 $\Gamma\left(\dfrac{f}{2}\right)$ 是伽玛函数。

3.9.3 试验设计法

试验设计法研究如何制订实验方案,以提高实验效率,缩小随机误差的影响,并使试验结果能有效地进行统计分析的理论与方法。

英国统计学家费希尔于 1923 年与梅克齐合作发表了第一个试验设计的实例,并于 1926 年提出了试验设计的基本思想。

1935 年,费希尔出版了他的名著《试验设计法》,其中提出了试验设计应遵循的三个原则:随机化、局部控制和重复。费希尔最早提出的设计是随机区组和拉丁方设计方法,两者都体现了上述原则。

1946 年,英国统计学家芬倪 (David John Finney,1917—)(图 3.9) 在保证能估计全部主效应和少数部分低阶交互作用的前提下,提出了部分试验法[150]。

图 3.9 芬倪

3.9.4 点估计

点估计是总体未知参数估计的一种形式。目的是依据样本估计总体分布所含未知参数或未知参数的函数。构造点估计的方法常用的有矩估计法、极大似然估计法、最小二乘法和贝叶斯估计法。

1894 年,英国统计学家卡尔·皮尔逊提出的矩估计法,要旨是用样本矩的函数估计总体矩的同一函数。

极大似然估计法是一种重要而普遍的点估计法,由英国统计学家费希尔在 1912 年提出,后来在他的 1921 年和 1925 年的工作中又加以发展;最小二乘估计法是由德国数学家高斯 (Johann Carl Friedrich Gauss,1777—1855)(图 3.10) 和法国数学家勒让德 (Adrien-Marie Legendre,1752—1833)(图 3.11) 在 1806 年提出的,并由俄国数学家马尔可夫在 1900 年加以发展。它主要用于线性统计模型中的参数估计问题。

图 3.10 高斯

图 3.11 勒让德

英国数学家贝叶斯 (Thomas Bayes, 1702—1761)(图 3.12) 于 1758 年在《机会学说问题试解》中,提出了一种归纳推理的理论,以后被一些统计学者发展成为一种系统的统计推断方法,并称为贝叶斯估计法。

图 3.12 贝叶斯

1763 年贝叶斯提出了下面的贝叶斯公式:

如果事件 A 能且只能与互不相容事件 $B_1, B_2, \cdots, B_n$ 之一同时发生,则在 A 发生的前提条件下,B_j 出现的条件概率为

$$P(B_j|A) = \frac{P(B_j)P(A|B_j)}{\sum\limits_{i=1}^{n} P(B_i)P(A|B_i)} \quad (j = 1, 2, \cdots, n)$$

经过多年的发展与完善,贝叶斯公式以及由此发展起来的一整套理论与方法,已经成为生物统计中的一个冠以"贝叶斯"名字的学派。

3.9.5 区间估计

区间估计是总体参数估计的一种形式。通过从总体中抽取的样本，根据一定的正确度与精确度的要求，构造出适当的区间，以作为总体的分布参数 (或参数的函数) 的真值所在范围的估计。1934 年，美国统计学家奈曼创立了一种严格的区间估计理论，给出了置信系数和置信区间的概念。20 世纪 30 年代初期，英国统计学家费希尔提出了一种构造区间估计的方法，称为信任推断法。另外，贝叶斯方法也是一种构造区间估计的方法。

3.9.6 假设检验

假设检验又被称为统计假设检验，是一种基本的统计推断形式，也是生物统计学的一个重要分支。在假设检验中，有一种检验方法被称为显著性检验。它是依据实际数据与理论假设 H_0 之间的偏离程度来推断是否拒绝 H_0 的检验方法。拟合优度检验是一类重要的显著性检验。英国统计学家卡尔·皮尔逊在 1900 年提出的 χ^2-检验是一个拟合优度检验。苏联数学家柯尔莫哥洛夫和斯米尔诺夫在 20 世纪 30 年代的工作开辟了非参数假设检验的方向，并分别得到柯尔莫哥洛夫检验和斯米尔诺夫检验，它们都是重要的拟合优度检验方法。

美国学者奈曼和卡尔·皮尔逊之子伊亘·皮尔逊在前人工作的基础上，于 1928 年至 1938 年间，对假设检验进行了系统而深入的研究，发表了一系列论文，建立了假设检验的严格数学理论。奈曼引进了检验功效函数的概念，并以此作为判断检验程序好坏的标准。

奈曼与伊亘·皮尔逊在 1933 年提出的著名 "奈曼-伊亘·皮尔逊引理" 是对简单假设寻求最大功效检验的一个构造性的结果。运用与最大似然估计类似的原理，可以得到似然比检验法。

一般情况下，寻求似然比的精确分布并不容易。1938 年，美国统计学家威尔克斯建立了有关似然比的一个统计量，并证明了它是渐近 χ^2-分布，这就为大样本的似然比检验提供了实行的可能。用似然比法导出的 U-检验、t-检验和 F-检验，都是假设检验中的重要检验法。

3.9.7 统计决策理论

统计决策理论把生物统计问题看成是统计学家与大自然之间的博弈，用这种观点把各种各样的统计问题统一起来，以对策论的观点来研究。这一理论的创立是生物统计学上的一次革新，拓广了统计学的内容范围，有较大的实际意义。

美国统计学家瓦尔德 (Abraham Wald, 1902—1950) 于 1939 年开始探讨这一理论，提出一般的判决问题，并引进了损失函数、风险函数、极小极大原则和最不利先验分布等重要概念。他于 1950 年出版了专著《统计决策函数》(中译本，上海科技出版社, 1960), 系统地总结了他在这一理论研究中的成果, 同时也宣布了统计决策理论的正式创立。瓦尔德的理论受到统计学界的重视, 成为第二次世界大战后统计学史上的一个重大事件。

1950 年以后的几十年间, 在统计决策理论方面出现了不少工作, 同时, 这种理论对生物统计各分支的发展产生了程度不同的影响, 特别是在 "参数估计" 影响下, 其面貌有了很大变化[151]。

1999 年, 美国学者 Bernard R. Parresol 对生物量模型所做的综述中, 推荐了一系列评价模型拟合优度的统计指标, 这些指标也可用于不同模型之间的比较[152]。概括起来, 用于模型评价和比较的统计指标包括以下 7 项:

(1) 确定系数 (R^2): 也称为拟合指数, 由残差平方和 (RSS) 和总平方和 (TSS) 计算

$$R^2 = 1 - \frac{\sum (y_i - \hat{y}_i)^2}{\sum (y_i - \overline{y})^2}$$

(2) 估计值的标准误 (standard error of estimate): 根据残差平方和 (RSS) 按下式计算

$$\text{SEE} = \sqrt{\sum (y_i - \hat{y}_i)^2 / (n - p)}$$

式中, p 为模型参数个数。

(3) 变动系数 (coefficient of variation): 根据 SEE 按下式计算

$$\text{CV} = (\text{SEE}/\overline{y}) \times 100$$

该项统计指标对模型之间的快速比较非常实用。

(4) Furnival 指数: 是 Furnival 在 1961 年基于正态似然函数而提出的[153], 其一般形式为

$$\text{FI} = [f'(Y)]^{-1} \times \text{RMSE}$$

上式中 $f'(Y)$ 是因变量的偏导数, 括号表示几何平均, 而 RMSE(root mean square error) 是拟合方程的均方根误差。指数值 FI 一般用于不同因变量形式的模型之间的比较。

(5) 平均百分标准误 (mean percent standard error): 根据每一个估计值的残差按下式计算

$$\text{MPSE} = \frac{1}{n} \sum_{i=1}^{n} \frac{|y_i - \hat{y}_i|}{\hat{y}_i} \times 100$$

平均百分标准误的期望值为 0, 所以 MPSE 越小表示模型越精确。

(6) 百分误差 (percent error): 其计算公式为

$$PE = \left[\frac{196^2}{x^2_{(n-p)}} \sum_{i=1}^{n} \left(\frac{\hat{y}_i}{y_i} - 1\right)^2\right]^{1/2}$$

其中 $\alpha = 0.05$ 时自由度为 v 的 χ^2 值近似为

$$\chi^2(V) = 0.853 + V + 1.645(2V - 1)^{\frac{1}{2}}$$

(7) 建立预估置信区间所需的信息: 通常涉及模型的均方误 (MSE)、平方和及交叉产出矩阵, 即 $\mathrm{cov}(\beta)$。

1999 年, 曾伟生等在阐述回归方程的评价指标时, 提出除了常用的拟合指标之外, 还要用到总相对误差 TRE、总系统误差 TSE(或平均系统误差 MSE)、平均相对误差绝对值 RMA 和预估精度 P(或预估误差 Ep)4 项指标[154]:

$$TRE = \frac{\sum_{i=1}^{n}(y_i - \hat{y}_i)}{\sum_{i=1}^{n}\hat{y}_i} \times 100$$

$$TSE = \sum_{i=1}^{n} \frac{y_i - \hat{y}_i}{\hat{y}_i} \times 100$$

$$RAM = \frac{\sum_{i=1}^{n} \left|\frac{y_i - \hat{y}_i}{\hat{y}_i}\right|}{n} \times 100$$

$$P = \left[1 - \frac{t_\alpha \cdot (SEE/\overline{y})}{\sqrt{n}}\right] \times 100 \quad \text{或} \quad Ep = \frac{t_\alpha \cdot (SEE/\overline{y})}{\sqrt{n}} \times 100$$

其中 t_α 为置信水平 α 时的 t 值。

2006 年, Dimitris Zianis 与 Maurizio Mencuccini 在比较不同预估方程时提出了相对差异指标, 平均相对差异 (mean relative difference) 按以下公式计算[155]:

$$MRD = \frac{1}{n} \sum_{i=1}^{n} \frac{|y_i - \hat{y}_i|}{y_i}$$

该指标与 $MPSE = \frac{1}{n} \sum_{i=1}^{n} \frac{|y_i - \hat{y}_i|}{\hat{y}_i} \times 100$ 类似, 差异主要在分母。

同年, Lisa M. Zabek 与 Cindy E. Prescott 在建立加拿大不列颠哥伦比亚省 (British Columbia)省沿海地区杂交杨生物量方程时除采用 SEE 指标外, 还提出了平均偏差 (mean bias) 和平均绝对偏差 (mean absolute bias) 指标[156], 计算公式如下:

$$MB = \frac{1}{n} \sum_{i=1}^{n} (y_i - \hat{y}_i$$

$$\mathrm{MAB} = \frac{1}{n}\sum_{i=1}^{n}|y_i - \hat{y}_i|$$

2008年，Bradley S. Case 与 Ronald J. Hall 在建立加拿大中西部地区北方森林通用立木生物量方程时，除采用平均偏差 MB 指标（也叫平均预估偏差 MPB）外，还提出了平均预估误差（mean prediction error）指标[157]，计算公式如下：

$$\mathrm{MPE} = \sqrt{\frac{1}{n}\sum_{i=1}^{n}(y_i - \hat{y}_i)^2}$$

在林木生物量数学模型评价和比较时，可以全部或部分采用这些指标。

3.10 元分析生物统计思想

元分析生物统计思想的本质是对众多现有实证文献的再次统计，通过相应的统计公式，对相关文献中的统计指标进行再一次的统计分析，从而可以根据获得的统计显著性等来分析两个变量之间真实的相关关系。

元分析的前身源于费希尔于1920年提出的"合并 P 值"的思想；1955年，由美国学者比彻（Henry Knowles Beecher，1904—1976）首次提出初步的概念[158]；1971年，两位美国统计学家莱特（Richard J. Light）和史密斯（Paul V. Smith）正式提出可以对不同研究结果汇总数据进行综合分析，特别是针对当时大量发表的科学论文中，对于同样的研究却得出截然不同的结果的问题，他们建议在全世界范围内收集对某一疾病各种疗法的小样本、单个临床试验的结果，对其进行统计分析和系统评价，将尽可能真实的科学结论及时提供给临床工作者，以促进推广真正有效的治疗手段，摈弃尚无依据的、无效的，甚至是有害的方法[159]；随后，美国统计学家 Gene V. Glass 于1976年将莱特和史密斯的思想发展为"合并统计量"，并首次命名为 Meta analysis[160]，一般译为元分析，又称"荟萃分析""综合分析"，也有人翻译为"分析的分析""资料的再分析"等。Gene V. Glass 对元分析方法的定义是：以综合现有的发现为目的，对单个研究结果的集合进行综合的统计学分析方法；1979年，英国临床流行病学家阿奇科克伦（Archibald Leman Cochrane，1990—1988）提出元分析中的系统评价的概念，对元分析方法的发展起到了举足轻重的作用[161]。

生物数学模型可分为确定性模型和随机性模型；线性模型和非线性模型（非线性模型可通过变换，转化为线性模型）；如果考虑生物群体的繁殖现象，又可分为离散性模型（描述群体世代不重叠的增长繁殖现象）和连续性模型（描述生物个体数量很大世代重叠的增长繁殖现象，并涉及对连续性模型进行离散逼近）。下面仅从确定性模型和随机性模型角度介绍元分析方法。

3.10.1 元分析与确定性模型

为了帮助读者较好地理解元分析方法在确定性模型中的应用,举一个比较容易理解的例子。

例 1 为了研究阿司匹林预防心肌梗死后死亡的发生,进行了 7 个关于阿司匹林预防心肌梗死后死亡的研究,其结果见表 3.1,其中 6 次研究的结果表明阿司匹林组与安慰剂组的心肌梗死后死亡率的差别无统计意义,只有一个研究的结果表明阿司匹林在预防心肌梗死后死亡有效并且差别有统计意义。

表 3.1 阿司匹林预防心肌梗死后死亡的研究结果

研究编号	阿司匹林组			安慰剂组			(P 值)	OR
	观察人数	死亡人数	死亡率 P_E/%	观察人数	死亡人数	死亡率 P_C/%		
1	615	49	7.97	624	67	10.74	0.094	0.720
2	758	44	5.80	771	64	8.30	0.057	0.681
3	832	102	12.26	850	126	14.82	0.125	0.803
4	317	32	10.09	309	38	12.30	0.382	0.801
5	810	85	10.49	406	52	12.81	0.229	0.798
6	2267	246	10.85	2257	219	9.70	0.204	1.133
7	8587	1570	18.28	8600	1720	20.00	0.004	0.895

注:相对危险度 $\mathrm{OR} = \dfrac{P_E}{1-P_E} \Big/ \dfrac{P_C}{1-P_C}$。

可以证明:$\mathrm{OR} > 1$ 对应 $P_E > P_C$;$\mathrm{OR} < 1$ 对应 $P_E < P_C$;$\mathrm{OR} = 1$ 对应 $P_E = P_C$。

现根据表 3.1 所提供的资料作元分析,具体分析和计算步骤如下。

(1) 把表 3.1 资料改写为表 3.2 形式的资料。

表 3.2 Mantel-Haeszel 计算用表

研究编号	阿司匹林组		安慰剂组		(样本量 (n))	权重 (w)	OR	$w \times$ OR
	死亡人数 (a)	存活人数 (b)	死亡人数 (c)	存活人数 (d)				
1	49	566	67	557	1239	0.0389	0.7197	0.0280
2	44	714	64	707	1529	0.0412	0.6808	0.0280
3	102	730	126	724	1682	0.0205	0.8029	0.0165
4	32	285	38	271	626	0.0648	0.8007	0.0519
5	85	725	52	354	1216	0.0352	0.7981	0.0281
6	246	2021	219	2038	4524	0.0096	1.1327	0.0109
7	1570	7017	1720	6880	17187	0.0015	0.8950	0.0013
合计						0.2116		0.1647

其中括号中的 a, b, c, d, w 为统计计算公式中所对应的符号。如:权重 $w = \dfrac{1}{a} + \dfrac{1}{b} + \dfrac{1}{c} + \dfrac{1}{d}$。

(2) 计算 Mantel-Haeszel 相对危险度 OR:

$$\text{OR}_{\text{MH}} = \frac{\sum_i w_i \text{OR}_i}{\sum_i w_i} = \frac{0.0389 \times 0.7197 + \cdots + 0.0015 \times 0.8950}{0.0389 + 0.0412 + 0.0205 + \cdots + 0.0015} = \frac{0.1647}{0.2116} = 0.778$$

(3) 相对危险度 OR 的齐性检验。

原假设 H_0: 各个研究的总体 OR 相同;

对立假设 H_1: 各个研究的总体 OR 不全相同。相对危险度 OR 的齐性检验在统计软件中一般采用 Breslow-Day 齐性检验[162]。

(4) 如果相对危险度 OR 齐性,则用 Mantel-Haeszel 方法计算总体 OR_{MH} 的 95%可信区间以及检验 H_0: 总体 $\text{OR}_{\text{MH}} = 1$。

(5) 用 STATA 软件对上述资料进行统计分析操作步骤如下:

资料输入的格式:其中 No 为研究编号,group=1 表示阿司匹林组,group=0 表示安慰剂组;dead=1 表示死亡,dead=0 表示活着;w 表示频数。

	No	group	dead	w	
1	1	1	1	49	
2	1	1	0	566	第一个研究的资料
3	1	0	1	67	
4	1	0	0	557	
5	2	1	1	44	
6	2	1	0	714	第二个研究的资料
7	2	0	1	64	
8	2	0	0	707	
⋮	⋮	⋮	⋮	⋮	第七个研究的资料
28	7	0	0	6880	

设齐性检验的检验水平 $\alpha = 0.1$,齐性检验的 χ^2 值为 9.95,自由度为 6,相应的 P 值 $= 0.1269 > 0.1$,因此可近似认为相对危险度 OR 是齐性的 (H_0: 总体 $\text{OR}_1 =$ 总体 $\text{OR}_2 = \cdots =$ 总体 $\text{OR}_7 =$ 公共总体 OR)。

在综合效应的统计检验中,设原假设 H_0: 公共的总体 OR $= 1$;对立假设 H_1: 公共的总体 OR $\neq 1$。

设综合效应的统计检验水平 $\alpha = 0.05$,对应的 Mantel-Haeszel $\chi^2 = 10.82$,自由度为 1,相应的 P 值 $= 0.0010 < 0.05$,因此可以推断综合分析中公共总体 OR 不等于 1,公共 OR 的 Mantel-Haeszel 估计值 $= 0.8968$,相应的 95%可信区间为 $(0.8405, 0.9570)$,因此在 95%可信意义下可以推断综合分析的总体 OR < 1(或者说:可以断定总体 OR < 1 的概率大于 0.95)。

由于相对危险度 OR $= \dfrac{P_E}{1 - P_E} \bigg/ \dfrac{P_C}{1 - P_C}$,因此可以推断:阿司匹林组的死亡率低于安慰剂组的死亡率,并且差别有统计意义。

结论:服用阿司匹林组有助于降低心肌梗死后的死亡率。

3.10.2 元分析与随机性模型

下面是一个元分析方法在随机性模型中应用的实例。

例 2 为了评价 A 药和 B 药治疗骨质疏松症，经检索，共有 12 个医疗单位做了临床药物疗效观察 (表 3.3)。疗程为 12 个月，并以骨密度改变比例作为效应指标。但各个研究效果不一致，故需作元分析[163]。

表 3.3 A 药和 B 药分别治疗骨质疏松症的研究结果

研究编号	均数 $mean_A$	标准差 S_A	样本量 n_A	均数 $mean_B$	标准差 S_B	样本量 n_B	两个均数的差值 d	均数差值标准误 SE	P 值
1	2.6	0.474	26	8.73	1.587	29	−6.13	0.309	< 0.05
2	2.41	0.639	27	3.94	1.541	32	−1.53	0.299	< 0.05
3	1.4	0.639	28	6.2	1.574	27	−4.80	0.326	< 0.05
4	3.58	0.144	21	5.39	1.209	23	−1.81	0.254	< 0.05
5	2.22	0.277	26	7.54	1.246	22	−5.32	0.271	< 0.05
6	1.99	0.208	25	0.74	0.154	33	−1.25	0.049	< 0.05
7	1.48	0.671	27	3.98	1.606	31	−2.50	0.316	< 0.05
8	1.08	0.869	29	1.23	0.856	23	−0.15	0.241	< 0.05
9	3.24	0.603	25	4.51	0.416	28	−1.27	0.144	< 0.05
10	0.44	0.523	20	3.81	1.787	20	−3.37	0.416	< 0.05
11	3.74	0.773	20	10.62	1.233	33	−6.88	0.276	< 0.05
12	1.89	0.942	28	6.7	1.132	30	−4.81	0.273	< 0.05

两个均数的差值和均数差值的标准误的计算方法与 General-Variacne-Based 方法中两个均数比较相同，故不再重复。由于元分析的随机模型统计方法较为复杂，故现用 STATA 软件进行元分析上述资料。得到下列结果：

```
Meta---analysis of 12 studies
-----------------------------------------------------
Fixed and random effects pooled estimates,
lower and upper 95% confidence limits, and
asymptotic z---test for null hypothesis that true effect=0
Fixed effects estimation 确定性模型统计分析
    Est    Lower    Upper    z_va~e    p_va~e
   0.052  ---0.029  0.133    1.259     0.208
Test for heterogeneity:  Q= 2860.070 on 11 degrees of freedom (p=
0.000) 齐性检验
-----------------------------------------------------
Der Simonian and Laird estimate of between studies variance = 10.137
```

```
Random effects estimation  随机模型统计分析
    Est    Lower    Upper    z_va~e    p_va~e
---3.105  ---4.914  ---1.297  ---3.366   0.001
```

由于齐性检验的 χ^2 值 $Q = 2860.070$,自由度 df $= 11$,P 值 < 0.001,故认为各个研究之间的效应是不齐的。因此 General-Variacne-Based 方法不适合用,所以只有用随机模型的元分析方法。

随机模型统计分析中,各个研究之间的随机效应的方差 $=10.137$,各个研究的(群体) 总体均数的平均值 $\hat{\mu} = -3.105$,95%可信区间为 $(-4.914, -1.297)$。由于原假设 $H_0 : \mu = 0$;对立假设 $H_1 : \mu \neq 0$,检验统计量 $Z = -3.366$,P 值 $= 0.001$,所以认为 B 药使骨密度改善的比例高于 A 药骨密度改善的比例,并且差别有统计意义[164]。

第 4 章　数量遗传学思想的产生和发展

4.1　孟德尔与数量遗传学

研究数量性状遗传变异规律的生物数学分支，称为数量遗传学。20 世纪 40—80 年代，数量遗传学的遗传体系假设为微效多基因，大多数遗传模型为正态线性模型，因此展开了数量性状的遗传分析和在生物育种上的应用。这个时期的数量遗传学被称为传统数量遗传学或经典数量遗传学。从 20 世纪 70 年代起，数量性状的遗传体系逐渐发展为主基因-多基因混合遗传体系，其遗传模型扩展为有限混合正态分布之上的线性模型。20 世纪 90 年代后，随着数量性状基因座定位、脱氧核糖核酸标记辅助选择等研究的深入，形成了现代数量遗传学，又称为分子数量遗传学。

首位真正用数学认真分析和研究遗传规律的人是奥地利学者孟德尔。他在前人植物杂交的基础上，于 1856—1864 年经过大量的豌豆杂交试验，认为性状遗传是受细胞里的遗传因子控制的，并于 1865 年成功地建立了遗传因子的分离定律和独立分配定律 (遗传学的两个基本规律)，后被人总结为孟德尔遗传定律 (详见本书 "7.1 孟德尔对生物数学思想发展的影响")[165]。

遗憾的是，孟德尔的学说被 19 世纪的学者忽视了几乎 35 年。由于孟德尔的论文发表在不太有名的《布隆自然科学学会会刊》上，虽然这份刊物发行的范围比较广，而且孟德尔曾将他的文章寄给当时一些著名的植物学家，但或者因为他们没有打开孟德尔的邮件，或者他们对其中复杂的数学计算感到厌烦，孟德尔的论文根本没有引起这些人的注意。

虽然孟德尔研究的性状有独到之处，但与当时人们所关心的事情相去太远。受到达尔文进化论的影响，当时大多数生物学家关注的是一些对人类有利的生物优良性状的遗传问题。而这些性状往往是受许多因素所共同控制，一般并不表现出简单的孟德尔式的遗传关系。

另一个原因是孟德尔虽然使用性状因子来解释他的遗传定律，但缺乏遗传物质基础的理论框架。从他的论文中我们仍然无法理解遗传物质到底是什么，而在当时也没有任何一种途径能把孟德尔的工作同可能的遗传物质基础联系起来。

1884 年，孟德尔去世。他没有想到自己的开创性研究将会获得多么巨大的荣誉。直到 1900 年，孟德尔的研究成果才被重新发现，遗传学重新开始大步前进。他的文章虽然经过了 35 年才重新发现，但一旦重新发现之后却以前所未有的速度广泛传播[166]。

人们逐渐发现每种二倍体生物的每个细胞都有相同数目的染色体，并且是成对存在的。例如，不分种族性别的人，每个细胞都有 23 对 (46 条) 染色体；凡是水稻，不管粳、籼、糯，每个细胞都有 12 对 (24 条) 染色体；凡是玉米，每个细胞都有 10 对 (20 条) 染色体；凡是豌豆，每个细胞都有 7 对 (14 条) 染色体；凡是猪，每个细胞都有 19 对 (38 条) 染色体等，这说明性别是真核生物的共同特征。

对于真核生物，细胞里的对染色体中，有对常染色体，每对染色体内的两条染色体完全一样，称为同源染色体，不属于同一对的染色体称为非同源染色体；剩下的一对为性染色体，两条性染色体虽然同源，但大小、形态和特性未必完全一样。如男人的两条性染色体，一条为 X 染色体，另一条为 Y 染色体；而女人的两条性染色体均为 X 染色体。

多细胞生物的生长主要是通过细胞数目的增加和细胞体积的增大而实现的。在这个过程中的细胞分裂称为有丝分裂或体细胞分裂。这种分裂是把细胞核内每条染色体准确复制为一对而形成的两个子细胞。减数分裂又称为成熟分裂。是在性细胞成熟时发生的一种特殊的有丝分裂，其结果是形成配子。在减数分裂中，每个母细胞分裂成 4 个子细胞，但染色体只复制一次，因此每个子细胞 (配子) 中只含各同源染色体中的一条，这样的子细胞称为单倍体。如男人产生的精子有两种，一种是 22 条加 X，一种是 22 条加 Y，两种精子数目相等；女人只产生一种卵子，就是 22 条加 X。如果卵子和精子有机会结合为一个合子 (受精卵) 时，它就具有 22 对常染色体和一对性染色体 (共 46 条)，然后经过多次有丝分裂，发育成胎儿。如果合子中的精子是 22 条加 X，则胎儿为女性；若合子中的精子是 22 条加 Y，则胎儿为男性。这说明孟德尔遗传定律与性细胞的减数分裂和受精形成合子的行为是一致的，细胞的染色体是遗传物质的主要载体。

在早期孟德尔遗传学的进展方面，英国是遥遥领先的，这应归功于英国生物学家贝特森 (William Bateson, 1861—1926)(图 4.1)。贝特森等人使孟德尔的成果再发现，并开创了遗传学的新纪元。

贝特森自从在霍普金斯大学布鲁克斯教授的研究室期间 (1883—1884) 就对不连续变异产生了兴趣，并从 19 世纪 80 年代开始进行育种试验，但真正集中精力从事这方面的研究还是在 1897 年左右。1899 年 7 月 11 日，他向皇家园艺学会宣读了一篇题为《作为一种科学研究方法的杂交和杂交育种》的论文。从这篇论文可以看出，他当时还没有提出遗传学说，尽管有许多试验结果按孟德尔的观点很容易解释，但直到 1900 年 5 月 8 日他在从剑桥到伦敦的火车上读到孟德尔的原作后才深受启迪，并很快成为一位热诚的孟德尔主义者。

4.1 孟德尔与数量遗传学

图 4.1 贝特森

1901年，孟德尔的两篇论文《植物杂交实验》及《人工授粉得到的山柳菊属的杂种》重新以德文发表。同一年，贝特森将其译为英文，并向英国生物学界传播孟德尔的学说。

当时，孟德尔的论文刚刚被重新发现，不被重视或对其论文不以为然的人很多，其中包括在当时影响力很大的英国生物统计学派中的权威高尔顿与贝特森的朋友韦尔登 (Walter Frank Raphael Weldon, 1860—1906) 等人。他们认定绝大多数变异都是"连续变异"，甚至否认"非连续变异"的存在。因他们当时的权威，而使诞生不久的孟德尔理论面临被扼杀于摇篮之中的危险境地。

此时，贝特森挺身而出，义无反顾地充当孟德尔理论最坚定的卫士。1902年，作为对韦尔登等人对孟德尔理论进行攻击的回答，他出版了《孟德尔遗传原理：一个回击》一书，从而揭开了20世纪初一场关于遗传学论战的序幕。

这场论战在1904年举行的英国科学促进协会的会议上达到了高潮。贝特森和韦尔登都对这次交锋进行了充分的准备。实际上，从1900年开始，贝特森就同庞奈特 (Reginald Crundall Punnett, 1875—1967) 合作进行了一系列杂交实验。该杂交实验共涉及植物的9个属和动物的4个属，尤其以植物中的豌豆和动物中的家禽类的研究最为深入。他们为证明孟德尔理论在植物和动物中的普遍适用性作出了不懈的努力，并且除了证明孟德尔理论的普遍适用性以外，还发现了一些孟德尔未曾发现过的现象：非等位基因间的相互作用 (互补效应及其他)，连锁现象等。贝特森巧妙地运用孟德尔理论的基本原理，结合杂交实验的具体情况加以解释，创造性地发展了孟德尔理论。因此，在1904年的那次会议上，贝特森以精确的数据和明确的论点在论战中大获全胜，把数量遗传学的发展引入到了更广阔的空间，进一步拓展了数量遗传学的应用领域，提高了数量遗传学的方法性思想。

1906年7月30日—8月3日，在英国伦敦召开的第三届国际遗传学大会 (杂交和植物育种国际会议)上,会议主席贝特森提出了现在仍在使用的许多遗传学术语,并第一次以"遗传学"(genetics)一词来称呼这门研究生物遗传问题的新学科。他认为遗传学是研究生物的遗传结构与功能以及遗传信息的传递与表达和变异规律的科学[167],连续性变异是不能遗传的,不连续性变异为其重要因素。然而高尔顿的学生卡尔·皮尔逊与韦尔登则认为连续性变异是可遗传的,是进化的重要因素,在研究上必须采用统计学的方法。这场争论直到 1909 年才结束。

1922 年初,贝特森在赴加拿大多伦多参加国际遗传学会议前顺道到美国哥伦比亚大学访问摩尔根领导的实验室,并在参观了当时 27 岁的摩尔根的学生布里奇斯(Calvin Bridges)著名的"X 染色体不分开"的实验之后,彻底放弃了自己坚持了 20 年之久的错误,并在随后的多伦多会议上发表演讲时宣告:"在精子和卵子内,我们看到了染色体。对于从未见过细胞学奇异景象的人,产生怀疑是可以原谅的;但是,对于果蝇研究者的主要论点再不能有所怀疑了。对于成熟生殖细胞特定染色体与特定性状之间的直接联系,摩尔根及其合作者的论据,特别是布里吉斯的实验,可以肯定地消除了一切怀疑。…… 我是为了对升起在西方的星恭谨地奉献我的敬意而来到此地的。"那年他 61 岁,这展现了他作为一代伟人的高尚风范[168]。

1909 年,丹麦遗传学家约翰逊(W. L. Johannsen,1857—1927)根据菜豆实验的结果,发表了《纯系理论》。他的研究证明,选择不能超过生物遗传上的变异限度。例如,在他通过连续自交所建立起来的菜豆种子大小的纯系里,选择是无效的。因为纯系内个体的差异由环境造成,是不遗传的。约翰逊将孟德尔试验中所谓的遗传因子称为"基因"。

同年,瑞士遗传学家尼尔森·厄勒(Hermann Nilsson-Ehle,1873—1949)在研究小麦种子颜色的遗传时,发现红色种子与白色种子的比例是 63:1,而不是孟德尔定律所预测的 3:1;另外他还注意到红色种子的颜色深浅不尽相同,有的较浅,有的较深。他推断:必定有三对基因依照孟德尔定律同时控制着小麦种子颜色的遗传,才会出现这种情况。他进而提出了数量性状遗传的"多基因假说",并用每对微效基因的孟德尔式分离解释小麦数量性状(种皮颜色)的遗传[169]。

上述"纯系理论"与"多基因假说"的建立,标志着数量遗传学的形成。

4.2 哈代-温伯格遗传平衡定律

当孟德尔提出其著名的遗传定律时,曾遇到过无法解释的尴尬:按照他的理论,通过简单数学计算可得出某一生物群体中的表现型比例将会逐渐呈现一边倒的现象。当时许多人怀疑,由于新产生变异的个体在群体中只占极少数,它是否会在群体随机交配过程中逐渐减弱乃至消失呢?就在这一理论遭到质疑的时候,英国数学

4.2 哈代-温伯格遗传平衡定律

家哈代 (Godfrey Harold Hardy，1877—1947)(图 4.2) 和德国医生温伯格 (Wilhelm Weinberg，1862—1937)(图 4.3) 等人将孟德尔的遗传定律应用于随机交配的大群体，通过建立数学模型，对其定律进行了修正与论证，分别于 1908 年和 1909 年各自独立提出了哈代-温伯格遗传平衡定律，并得到了"遗传不会影响基因频率"的正确结论。

图 4.2　哈代

图 4.3　温伯格

哈代-温伯格遗传平衡定律奠定了数量遗传学的基础[170]。

哈代-温伯格遗传平衡定律指出：在一个完全随机交配的群体内，如果没有其他因素 (如突变、选择、迁移、遗传漂变等) 干扰，则等位基因频率及三种基因型频率始终保持一定，各代不变。即在符合以下 5 个条件的情况下，一个各等位基因的频率和等位基因的基因型频率在一代一代的有性生殖的自然种群遗传中是稳定不变的，或者说，是保持基因平衡的。这 5 个条件是：

(1) 无突变产生；
(2) 没有自然选择；
(3) 种群之间不存在个体的迁移或基因交流，即没有新基因加入；
(4) 种群的容量是极大的；
(5) 种群中个体间的交配是随机的，也就是说种群中每一个生物体与种群中其他个体的交配机会是相等的。

该定律的推导包括三个步骤：

(1) 从亲本到所产生的配子；
(2) 从配子的结合到子一代 (或合子) 的基因型；
(3) 从子一代 (或合子) 的基因型到子代的基因频率[171]。

1908 年，哈代的一个朋友庞奈特将孟德尔遗传定律的困扰告诉他：按照这个规律，生物学家担心，有些遗传特性，如遗传性疾病，随着时间的推移，有可能扩散到整个族群。哈代从此开始介入有关遗传学的讨论。他从数学上证明，这个担心是不必要的，因为按照孟德尔混合种群的遗传分布规律，不会发生这样的事情。

哈代在《科学》杂志上发表的一篇短文指出：人的某种遗传学病 (如色盲)，在一群体中是否会由于一代一代地遗传而使患者越来越多？20 世纪初有些生物学家认为确会如此，如果这样，那么势必后代每个人都会成为患者。哈代利用简单的概率运算指出这种说法是错误的。他证明了：患者的分布是平稳的，不随时间而改变[172]。

哈代的证明思路是：

假设 A 代表显性特性，a 代表隐性特性。假设某一代中纯显性个体 (AA)、杂合个体 (Aa)、纯隐性个体 (aa) 的数量之比为 $p:2q:r$。假设每种个体的数量都很大，互相的交配可以看作是随机的，并且性别的分布也是均匀的，具有相同的繁殖能力，那么，在下一代的三个种类的个体的数量之比将是：

$$p_1 : 2q_1 : r_1 = (p+q)^2 : 2(p+q)(q+r) : (q+r)^2$$

当 $q^2 = pr$ 时，这个分布将与上一代相同。特别地，当 $p:2q:r = 1:2:1$ 时，就是孟德尔给出的豌豆的分布规律，见表 4.1。

表 4.1 孟德尔混合种群的遗传分布规律

		纯显性 AA	杂合 Aa	纯隐性 aa
显性 $A(p)$	显性 $A(p)$	p^2		
	杂合 $Aa(2q)$	pq	pq	
	隐性 $a(r)$		pr	
杂合 $Aa(2q)$	显性 $A(p)$	pq	pq	
	杂合 $Aa(2q)$	q^2	$2q^2$	q^2
	隐性 $a(r)$		rq	rq
隐性 $a(r)$	显性 $A(p)$		pr	
	杂合 $Aa(2q)$		rq	rq
	隐性 $a(r)$			r^2
		$(p+q)^2$	$2(p+q)(q+r)$	$(q+r)^2$

另外，哈代还举了一个例子，来说明短趾症的扩散不会发生：假设 A 代表短趾症，如果开始时，除了纯短趾症外，都是纯正常个体，并假设他们的比例为 $1:10^4$，即

$$p = 1; \quad q = 0; \quad r = 10^4$$

按照前面的定理，第二代的随机分布将是

$$p_1 = (p+q)^2 = 1$$

$$q_1 = 2(p+q)(q+r) = 10^4$$

$$r_1 = (q+r)^2 = 10^8$$

如果这个短趾是显性的，那么在第二代中，短趾的个体数量 $(p_1 + 2q_1)$ 与全体的数量 $(p_1 + 2q_1 + r_1)$ 的比值就是

$$20001 : 100020001 \approx 2 : 10^4$$

由于 $(p+q)^2(q+r)^2 = p_1 r_1$，所以，即使后代遗传过程中的短趾都是显性的，短趾比率也不会超过这个数字。

如果这个短趾是隐性的，那么在第二代中，短趾的个体数量 $(p_1 + 2q_1)$ 与全体的数量 $(p_1 + 2q_1 + r_1)$ 的比值就是

$$1 : 100020001 \approx 1 : 10^8$$

即使后代遗传过程中的短趾都是隐性的，短趾比率也不会低于这个数字。

由上述分析可得结论：显性的特征将扩散到整个种群，或者隐性的特征将趋于消亡的看法都是错误的。

4.3 摩尔根思想

1866 年 9 月 25 日，数量遗传学家摩尔根 (图 4.4) 出生于美国的肯塔基州。他于 1886 年获得肯塔基州立大学的学士学位，曾任哥伦比亚大学、加利福尼亚工业大学教授。

图 4.4　摩尔根

英国遗传学家霍尔丹 (John Burdon Sanderon Haldane, 1892—1964) 为了纪念现代遗传学的奠基人摩尔根，将图距单位 (两个基因在染色体图上距离的数量单

位称为图距，1%重组值 (交换值) 去掉其百分率的数值定义为一个图距单位) 称为"厘摩"(centimorgan, cM)[173]。

1908 年，摩尔根发现黑腹果蝇是一种十分有利于遗传学研究的材料，便与其学生 Sturtevant, Bridges 和 Muller 等在其实验室里开始用 X 光与镭 (一种很强的放射性元素) 处理纯品系的果蝇，研究其性状遗传的方式，并希望找到一只外表型发生变异的个体。他们在辛勤工作但却失望了近两年之后，终于获得了一只具有白眼的雄果蝇 (野生型的果蝇具有红眼的外表型)。

摩尔根和他的学生充分利用了这只具有白眼的雄果蝇，用它做了一系列精巧设计的实验，第一次将代表某一特定性状的基因同某一特定的染色体联系起来，进一步证实了孟德尔定律，并得出了连锁交换定律，与孟德尔的分离和自由组合定律共称为遗传学三大基本定律。同时，他们还证明了基因直线排列在染色体上。这样，以遗传的染色体学说为核心的基因论就诞生了。

由于这个实验的对象为纯品系的果蝇，所以他们所获得的外表型发生改变的白眼雄果蝇必定是由于遗传物质发生了永久性变异所致。这只白眼果蝇是人类第一个人工诱发发生突变的生物个体。

此时，摩尔根和他的学生虽然还不能回答基因是什么物质？基因的结构是什么？等核心问题，但是他们认为："我们仍然很难放弃这个可爱的假设，就是基因之所以稳定，是因为它代表着一个有机的化学实体"，并表明"至少它不失为一个良好的试用假说"。

他们为了知道这只白眼果蝇的白眼外表型的基因组成，以及白眼基因与红眼基因之间的关系，首先将这只白眼雄果蝇和它的红眼正常姊妹杂交，进行了图 4.5 所示的杂交实验。

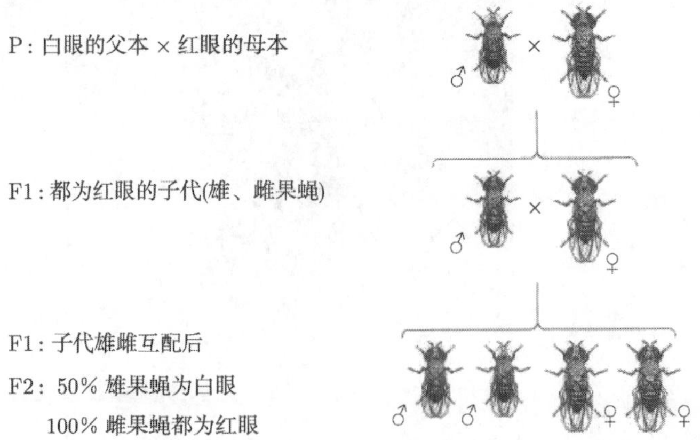

P: 白眼的父本 × 红眼的母本

F1: 都为红眼的子代(雄、雌果蝇)

F1: 子代雄雌互配后
F2: 50% 雄果蝇为白眼
　　100% 雌果蝇都为红眼

图 4.5　实验一

4.3 摩尔根思想

然后，摩尔根为了解释他们所得到的杂交结果，首先假设眼睛颜色的决定性基因位于果蝇的 X 染色体上，并以 "X^w" 表示白眼的基因，以 "X^{w+}" 表示果蝇红眼的基因，以 "Y" 表示雄性果蝇的 Y 染色体，如图 4.6 所示。

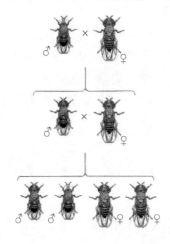

P: X^wY(白眼)×$X^{w+}X^{w+}$(红眼)

F1: $X^{w+}Y$ 为红眼雄性果蝇的基因型
$X^{w+}X^w$ 为红眼雌果蝇的基因型
$X^{w+}Y$(红眼)×$X^{w+}X^w$(红眼)

F2: $X^{w+}Y$(红眼)：X^wY(白眼)：
$X^{w+}X^{w+}$(红眼)：$X^{w+}X^w$(红眼)
雄性的果蝇中二分之一为白眼的；
雌果蝇都为红眼的；红眼对白眼的比为 3∶1

图 4.6 实验二

由上面的杂交实验可以确定，红眼基因与白眼基因同是眼睛颜色的决定性基因的两种不同形式，并且红眼为显性，白眼为隐性。接下来，摩尔根为了测试他们的假设是否正确，使用了孟德尔的测试杂交实验：首先将第一子代的红眼雌果蝇与具有白眼的雄果蝇杂交，然后分析第一子代红眼雌果蝇的基因型是否为 $X^{w+}X^w$。如图 4.7 所示。

X^wY(白眼)×$X^{w+}X^w$(红眼)

1$X^{w+}Y$(红眼)：1X^wY(白眼)：
1$X^{w+}X^w$(红眼)：1X^wX^w(白眼)
红眼雄果蝇：白眼雄果蝇：红眼雌果蝇：
白眼雌果蝇=1∶1∶1∶1

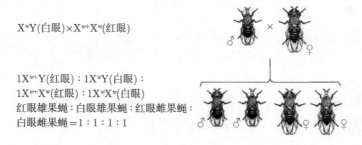

图 4.7 实验三

由上述实验可以看出，在其第一个杂交实验中的第一子代红眼的雌性个体眼睛颜色的基因组成是异基因型的 $X^{w+}X^w$，与他们的假设符合，故其假设为真。

他们的杂交实验结果不仅再次确定了性染色体与性别的关系，更重要的是，他们的实验证明了两个在当时还未知的遗传现象：一个是性联遗传，一些遗传性状的表现是与性别相连的；另一个是遗传性状的表现是随着某些特殊的染色体存在与否而决定的。

摩尔根在该实验之后,继续利用相同的实验方法诱发了更多种果蝇的突变外表型,并经由与上述相同的杂交实验确认了其中一些外表型的决定性基因是位于 X 染色体上。

在摩尔根拥有这些突变的基因后,他们先育出纯系的个体并利用这些纯系的个体进行了图 4.8 所示的杂交实验,其中,决定身体颜色的基因:正常身体颜色(为灰色)的基因以 y^+ 表之,诱发的体色为黄色的突变外表型基因以 y 表之;正常大小翅膀的基因以 m^+ 表之,诱发的突变小型翅膀的外表型基因以 m 表之(这个实验是属于三种遗传特征的杂交实验)(图 4.8)。

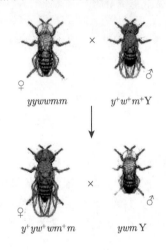

P: 母本为纯系的黄体色、小翅膀、白眼的雌果蝇的基因型为 $yywwmm$

父本为灰体色、大翅膀、红眼雄果蝇的基因型为 $y^+w^+m^+Y$

F1: 雌果蝇全为野生型的外观,其基因型应为 $y^+yw^+wm^+m$

雄果蝇则全为黄体色、小翅、白眼,其基因型为 $ywmY$

图 4.8 实验四

摩尔根认为:这些基因重组的子代个体是由于来自第一子代的雌性个体的两个 X 染色体之间发生遗传物质的交换所致,其交换的方式有下列几种(图 4.9)。

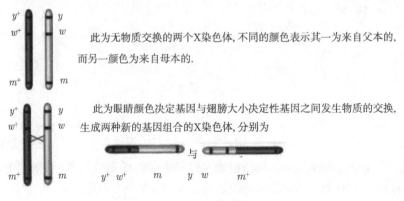

图 4.9 实验五

4.3 摩尔根思想

当这两个 X 染色体与 Y 染色体相遇时,就会产生灰体色红眼小翅的雄果蝇与黄体色白眼正常翅的雄果蝇 (图 4.10)。

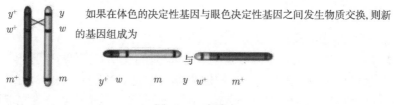

图 4.10 实验六

当这两个 X 染色体分别与 Y 染色体相遇时,就会有灰体色白眼小翅与黄体色红眼正常翅的雄果蝇生成 (图 4.11)。

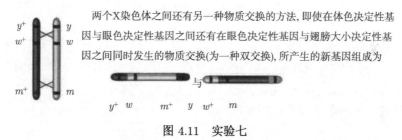

图 4.11 实验七

当这两个 X 染色体分别与 Y 染色体相遇时就会产生灰体色白眼正常翅与黄体色红眼小翅的雄果蝇。

由上述结果可以看出,体色、翅膀的大小与眼睛颜色的决定性基因同是位于 X 染色体上的,因此 F1 子代中雄果蝇的外观都是 P 代母本的外观,这是因为雄果蝇身体中只有一个 X 染色体所致。而在第二子代中,两两基因之间大多数仍是保持 P 代父本或母本的基因组成,只有少数或至少是小于 50%的个体是异于 P 代父母本的基因组成的,如上述例子。

摩尔根的实验不仅再次证明了 1905 年贝特森与庞奈特观察甜豆的杂交实验时所发现的花色与豆型这两种外表型的决定性基因是连在一起的,并且还确定了这种连在一起的基因在它们分配到配子中时是不依循独立分配率的原则的。

同时,摩尔根的实验也再次支持了 1909 年由比利时的细胞学家詹森斯 (Frans Alfons Janssens,1863—1924) 所提出的假说:蝾螈在减数分裂时,在显微镜观察到染色体 X 结构之前,同源染色体之间曾有实质的物质交换发生。詹森斯的假说也为摩尔根顺利解决连锁基因的重组机理问题,提供了细胞学上的重要依据。这是因为只有当同源染色体在相连状态下真有物质的交换发生时,摩尔根他们才能解释在上述的实验中,为何相连的数个基因会在杂交的过程中,各基因的不同型之间发生基因重组的现象,并将产生混合外表型子代。

摩尔根的遗传学成就不仅具有生理学意义,而且具有生物学意义。正因为如此,瑞典卡罗琳医学院在 1933 年,把诺贝尔生理学和医学奖首次授给了生物学家——摩尔根。

当然,在摩尔根的实验中,摩尔根虽然已指出:"只有当染色体是遗传基因的所在位置时,才能够用来解释为何有性连遗传与基因相连的现象",但是在其实验中,始终只能连接性染色体与性状之间的关系。就算他们利用染色体间可进行物质交换的假说能够成功地解释他们的实验结果,但可惜的是他们始终也没能观察到染色体的实质变化来支持他们的说法——这种直接实质的证明一直到 20 年后才由另一个研究团队加以完成。

4.4 数量遗传学思想的产生与发展

1913 年,美国科学家埃默森 (R. A. Emerson,1873—1947)(图 4.12) 和伊斯特 (E. M. East) 通过在玉米和烟草上的研究工作,提出了 "数量遗传学" 的概念:

数量遗传学是以遗传法则为基础,用数学方法研究在各种不同情况下生物群体基因型的变化与数量性遗传规律[174]。

图 4.12　埃默森

1915 年,英国数学家罗顿 (H. T. J. Norton) 根据当时研究的核心问题:"当一个新等位基因引入到种群中的选择优势很小时,选择是否有效或选择的效果如何?" 按不同频率出现的基因,在不同的选择强度条件下对这个问题进行了研究。出人意料的是,他竟然证明很小的 (小于 10%) 选择效益 (或选择亏损) 在少数几代中就能引起急剧的基因变化。这一发现深深触动了英国遗传学家霍尔单 (图 4.13) 和美国遗传学家瑞特 (Sewall Green Wright,1889—1988)(图 4.14)。霍尔单和瑞特

4.4 数量遗传学思想的产生与发展

出于简化的需要,集中研究了个别基因的行为。在他们的方程式和曲线图中,描述的只是个别基因在选择、突变、采样误差等影响下频率的增减,并由此得到结论:对于极小的选择优势,经过连续许多代就能显示出其重要意义。

图 4.13 霍尔单

图 4.14 瑞特

1918 年,费希尔在《孟德尔遗传试验设计间的相对关系》一文中论述了数量遗传学研究的对象和方法,标志着数量遗传学的正式产生。之后,费希尔在关于种群中基因分布的数学研究方面发表了一系列论文。这些研究主要涉及将基因差异划分为加合部分 (由等位基因或具有相似效应的独立基因引起) 与非加合部分 (上位,显性等),还涉及保持平衡多态性的条件,显性的作用,不同大小的种群中有利基因的散布速度,特别是大种群的自然选择效应。他的某些发现 (例如,平衡多态性) 目前已经确定无疑,几乎使人难以理解他怎么会首先去研究它们。他的其他研究结论在内容上也是充实可信的。费希尔所强调的 "对表现型影响不大的基因" 的观点为消除遗传学家和博物学家之间的不和发挥了很大作用。与大多数量遗传学家相仿,费希尔也倾向于尽力缩小基因座位 (位点) 相互作用的效应。费希尔一贯着眼于大种群,虽然他也充分认识到存在采样误差,但是他仍然认为:由于对互相竞争的基因的差别选择与频发突变,所以这类选择误差终究不会对进化产生什么影响,就大种群来说实际情况也的确如此[175]。

1933 年,霍尔单因他在数量遗传学方面的贡献而受聘于伦敦大学动物系,任遗传学教授,后又任生物统计学教授。他的主要贡献是把数学和遗传学直接应用于进化论的研究中,并阐明了不同遗传方式的群体基因经受不同选择强度后的变化情况,开发了许多自然选择和人工选择的数学模型。他将研究成果写成《自然和人工选择的数学理论》一文[176],于 1924—1932 年陆续发表在剑桥哲学学会的会报上。

1937年，美国动物育种学家拉什 (Jay Laurence Lush，1896—1982)(图 4.15) 及其学生赫泽尔 (Lanoy Nelson Hazel，1911—1992)(图 4.16) 先后提出重复力、遗传力及遗传相关三个遗传参数。特别是遗传力，不但贯穿数量遗传学这门学科，而且具有超出该学科范围的意义。随后他们又发展了综合选择理论，并将其应用于育种值的估计中，使后人对动植物数量性状能够有目的、有预见地加以控制和改进。

图 4.15　拉什

图 4.16　赫泽尔

1941年英国学者马瑟 (K. Mather)[177] 在总结前人研究的基础上提出了多基因理论[178]。多基因理论的提出，有力地促进了数量遗传学的发展。多基因理论通过一些精妙的遗传设计和统计模型，将数量性状表型的总效应、总方差，分解为属于基因型的、环境的、加性的、显性的、上位性的以及多效性的等分量，并在此基础上估计了遗传率、遗传相关、遗传进度 (选择响应)、显性度等参数，使一个数量性状的表型遗传特征得到较全面的描述。

1957年，霍尔单通过计算表明：在一个大种群中用一个在选择上处于优势的等位基因取代另一个等位基因所付出的代价是多么"昂贵"。他由此作出了"进化必定是非常慢地在进行"的结论，也就是说，进化在相当少的基因座位上同时进行，否则总死亡率将会高得惊人。这一结论直接与已经被普遍接受的进化演变的高速度 (例如，淡水鱼) 以及大多数自然种群中高度的杂合现象相矛盾。霍尔单虽然作了些不切实际的假定，但是他的计算更适用于大种群 (因为速度快的进化演变最常见于小种群中)。就密度高的物种来说，霍尔单的结论可能是正确的，这已经通过化石记录所显示的相关物种的进化惰性而表明，但是他的计算对小种群是无效的。

1967年，英国遗传学家罗伯逊 (Alan Robertson，1920—1989) 提出：数量基因效应的分布更可能近似于指数分布，即少数基因座的等位基因对数量性状具有大效应。这可以说明该性状的大部分变异，剩余基因的数目则随着其效应减少，而越来越多[179]。

1972 年，瑞特因不同意费希尔的某些看法而提出："大多数进化演变不过是随机变异的结果"。他通过概率统计方法认真研究了遗传学相关内容，并于 1984 年出版了 4 本系列专著[180]。在这些专著中，瑞特关注更多的是基因漂移。他认为：一般情况下，可以将种群分为亚种群，基因漂移则加快了生物种群遗传多样性进程，加速了物种进化，而亚种群的基因流可以加快整个种群的适应性，这就是瑞特的摇摆平衡理论。后来，概率统计中的隐马尔可夫模型在人类基因组研究的许多方面都有广泛的应用，如 DNA 序列的阵排列[181]、查寻基因[182]、作基因图[183]、作度量图[184] 及蛋白质二级结构的预测[185] 等。其中，隐马尔可夫模型由两个随机变量序列组成：一个是观测不到的马尔可夫链，$\{Y_n : n \geqslant 0\}$，称为隐马尔可夫链；另一个是可以观测到的随机序列 $\{X_n : n \geqslant 0\}$，称其为观测链[186]，且 n 与条件概率为已知。

综上可知，经过费希尔、霍尔单和瑞特三人的进一步努力，遗传学和数学的许多分支快速结合，促进了数量遗传学的发展。

4.5 沃森-克里克脱氧核糖核酸右手双螺旋结构

在数量遗传学的发展过程中，需要特别提到沃森-克里克脱氧核糖核酸右手双螺旋结构。

美国生物学家沃森 (图 4.17) 和英国数学家克里克 (图 4.18) 的脱氧核糖核酸右手双螺旋结构可以使人们很容易说明 DNA 是怎样既作为一个稳定的晶体分子而存在，同时又为变异和突变提供足够的物质与结构基础的。

图 4.17　沃森

图 4.18　克里克

沃森大学毕业后，主要从事动物学的研究，后来在美国印第安纳大学卢栗亚 (Salvador Edward Luria, 1912—1991) 的指导下攻读博士学位，并参加了噬菌体研究小组。其博士论文详细论述了噬菌体复制中 X 射线的效应。1951 年，沃森在剑桥大学认识了英国人克里克。通过对 DNA 结构的共同讨论，沃森和克里克对脱氧核糖核酸的分子结构产生了浓厚的兴趣，并经过周密、细致的研究测算，于 1953 年在《自然》杂志上发表了历史性巨篇，提出了沃森-克里克脱氧核糖核酸右手双螺旋结构，更清楚地说明了基因的组成成分就是 DNA 分子——它控制着蛋白质的合成过程[187]。

沃森和克里克对蛋白质脱氧核糖核酸结构的研究工作使遗传学进入了数量遗传学发展的新时代，并因此于 1962 年同时荣获诺贝尔医学奖。

4.6 木村兹生思想

1968 年，日本数量遗传学家木村兹生 (图 4.19) 根据分子生物学的研究，主要是根据核酸、蛋白质中的核苷酸及氨基酸的置换速率，和这些置换所造成的核酸，以及蛋白质分子的改变并不影响生物大分子的功能等事实，提出了生物进化的"中性理论 (中性突变与随机遗传漂移理论)"[188]，使生物进化研究进入分子时代[189]。

图 4.19 木村兹生

中性理论的核心内容可归纳为以下几点：① 大部分对生物种群的遗传结构与进化有贡献的分子突变在自然选择的意义上都是中性或近似中性的，因而自然选择对这些突变并不起作用；② 中性突变产生后，将随机漂移，或被固定在生物种群中，或消失；③ 并不是所有分子突变都是中性的。实际上，大部分突变是有害的，但它们很快会被淘汰掉，因而对生物种群的遗传结构及进化没有实质性意义；④ 正突变很少，它们对生物种群的遗传结构也没有太多贡献；⑤ 自然选择只对正突变和有害突变起作用，不能影响对生物种群的遗传结构起重要作用的中性或近中性突变，即中性或近中性突变只能由随机因素来决定。另外，中性突变也有其潜在的受自然选择作用的属性，即中性变异可以成为适应性进化的原材料[190]。

中性理论是对自然选择学说的一个挑战，因此在学术界引起过很激烈的争论。然而，中性理论确实能够使人们得到很多结果，特别是得到了分子生物学上的一些新发现的支持，该理论在争论中不断发展。

总之，中性理论揭示了生物分子进化中的一些规律，是生物分子进化的重要理论之一，为数量遗传学作出了很大贡献，在建立中性学说时，木村兹生既批判又延伸了群体遗传学和数量遗传学。但该理论以突变和遗传漂移解释进化速率及核苷酸多态水平还不足以解释复杂生物的现象及其适应性。

4.7 拓扑数量遗传学思想

1969 年，法国数学家托姆 (René Thom，1923—2002)(图 4.20) 在他的《生物学中的拓扑模型》一文中，在奇点分类的基础上，首次通过集合与映射可以建立非数值特性的事物与特定实数的映射或集合关系，提出了一个描述多维不连续、跳跃式突变现象的数学模型。

1972 年，托姆在其著名的《结构稳定与形态发生》一书中又系统阐述了其思想，从而创立了"突变理论"，弥补了连续数学方法的不足之处，并解决了生物学中的非数值特性的困难。

图 4.20 托姆

1976 年以来，数学家与生物学家合作，在计算双螺旋中两条闭曲线相互缠绕情况的拓扑不变量"环绕数"方面取得了许多进展。

1984 年，关于纽结新的不变量，即琼斯 (Jones) 多项式的发现，使生物学家获得了一种新工具来对 DNA 结构中的纽结进行分类。另外，拓扑数量遗传学在 DNA 链中碱基的排序方面也取得了令人鼓舞的成绩[191]。

第5章 数学生态学思想的产生和发展

数学生态学是生物数学的一个以数学的理论和方法研究生态学的重要分支，它包括生态数学模型、生态系统分析、统计生态学、生态模拟等内容[192]。

1976年，澳大利亚生物数学家罗伯特·梅在其所著《理论生态学》书中认为数学生态学是对生态学进行精确的定量分析，并进行预测的科学[193]。在现代生态学中，各变量之间的关系通常都非常复杂，并且是非线性的，还往往含有反馈机制。如果仅用语言就会表达不清楚这些关系，极易造成混乱。另外，生态学中的相互作用关系通常非常复杂，以致生态学家通常只能在简单生态环境条件下研究单个有机体的行为，或者选取很少几个种群之间的竞争。

由于系统分析研究等数学方法引入到生态学后，才使得人们逐步具备了研究复杂自然生态系统结构及其功能的潜在能力，所以许多生态学问题从一开始就是定量的问题[194]。人类对自然生态和系统的影响有时必须采用数学模型来进行研究，这是因为如果采用真实实验的方法，姑且不说时间和工作量上的制约，实验本身就可能给实验系统带来灾难；另外，在提出生态学的一般规律中，常常需要求助于数学模型研究，所以生态学离不开揭示生态学规律的数学模型，因此数学生态学的一个显著特点就是大量使用数学模型[195]。本书第2章对数学生态学中最重要的种群动态数学模型的产生和发展过程已经作了详细叙述。

5.1 奥德姆思想

美国著名数学生态学家奥德姆(图5.1)自1947年开始执教于佐治亚大学。他于1953年出版了经典著作《生态学基础》，开创了"生态系统"研究的热潮，并一直是该领域的领军人物[196]。

1969年，奥德姆用数学方法对生态系统的能量学进行了系统而深入的研究，并提出了一系列新概念和开拓性的重要理论观点[197]。其中包括20世纪70—80年代初提出的能量系统、能质、能质链、体现能[198]、能量转换率及信息量等观点[199]。奥德姆经过进一步研究和总结国际能值分析研究的成果，于20世纪80年代后期和90年代创立了"能值"概念理论，以及太阳能值转换率等一系列概念，并于1996年出版了世界首部能值专著[200]。

从"能量""体现能"发展到"能值"，从能量分析研究发展到能值分析研究，在理论和方法上都是一个重大飞跃[201]。这些理论观点和方法的发展过程，反映在奥德姆不同时期的论著中，特别是他于 1981 年出版的《人与自然的能量基础》[202]、1994 年出版的《系统生态学》[203] 等著作。1987 年，奥德姆接受瑞典皇家科学院克拉福德奖 (Crafoord prize) 时发表的演讲论文 [204] 和他在《科学》杂志上发表的论文 [205] 中，首次阐述了能值概念理论，论述了能值与能质、能量等级、信息、资源财富等的关系。

图 5.1　奥德姆

5.2　麦克阿瑟思想

1967 年，美国生态学家麦克阿瑟 (Robert Helmer MacArthur，1930—1972)(图 5.2) 和威尔逊 (Edward Osborne Wilson，1929—)(图 5.3) 提出均衡理论。

图 5.2　麦克阿瑟

图 5.3　威尔逊

均衡理论认为：岛屿上物种的数目取决于物种迁入岛屿的速率和定居在岛屿上物种的灭绝速率。当迁入率和灭绝率相等时，岛屿物种数达到动态平衡，即物种的数目保持相对稳定,但物种的组成却可能在不断地变化和更新;不同岛屿上实际生存的平衡物种数目受离大陆距离和岛屿面积的强烈影响。

麦克阿瑟和威尔逊认为:某个区域内物种数目的多少由新物种的迁入和原有物种消亡或迁出之间动态变化所决定,它们遵循着一种动态平衡的规律[206]。

均衡理论在当时能够盛极一时的主要原因在于它的解释能力,而且它的理论预测可以被很方便地检验。该理论的创始人之一威尔逊也因此荣获了 1990 年度克拉福德奖 (与诺贝尔奖一样,克拉福德奖也只授予仍健在的科学家)。

麦克阿瑟与奥德姆都广泛应用数学模型工具,但他们之间却有着明显地差别:麦克阿瑟主要使用简单数学模型并且利用实验室和野外的自然史观察作为模型和理论发展的基础,而奥德姆则往往采用非常复杂的数学模型,而且相对来说和自然实际情况结合得不够紧密;麦克阿瑟常常站在达尔文进化论的立场上并和进化生物学紧密联系在一起,而奥德姆则把生态系统看作为一个 "超有机体"。

5.3 罗伯特·梅思想

澳大利亚生物数学家罗伯特·梅在他 1973 年出版的专著《模型生态系统中的复杂性与稳定性》[207] 中指出:生态系统指标的稳定性问题可能与人们主观想象的情况完全相反。罗伯特·梅还首次把环境随机性和空间异质性纳入到了生态模型当中。

在 20 世纪 70 年代以前,复杂性导致稳定性的教条已被生态学家所广泛接受,并反复出现在生态学文献和教科书中。对这个问题的早期阐述都是语言描述形式的,并没有试图把它纳入到数学模型的体系之中。

1976 年,罗伯特·梅在《自然》杂志上发表的论文《表现非常复杂的动力学的简单数学模型》从一个非常简单的数学生态方程出发,讨论了一个简单的数学生态差分方程模型是如何走向混沌并能够产生出非常复杂的动力学行为的。罗伯特·梅的理论研究表明,简单系统比复杂系统更可能趋于稳定。这个结论在生态学中引起了轩然大波,产生了许多争议。使用数学模型语言,人们发现至少有 3 个稳定性定义和 4 个复杂性测度指标,这使得至少有 12 种不同含义的复杂性-稳定性关系。其理论研究至少说明了复杂性与稳定性的关系根本不像人们以前所认为的那样简单;同时也极大地促进了野外实验工作的广泛开展。上述例子还说明了数学模型在理论研究中的重要性 —— 可避免纯粹语言描述所可能产生的概念不清和逻辑混乱[208]。

另外,罗伯特·梅和英国牛津大学的安德森自 20 世纪 70 年代中期开始,就一起对动植物的传染病进行了系统的模型研究[209]。随着 20 世纪 80 年代艾滋病的迅速传播,安德森和罗伯特·梅很快就意识到他们先期的研究成果对于人类所面临的艾滋病问题将会产生重要作用。他们发现：在人类病原体的传播和自然界寄生者种群的运动之间存在有许多平行相似之处。因此，他们找了一些以前建立过的动物传染病模型，作了一些必要的调整，使它们适应人类种群更为复杂的情况。他们的数学模型表明，使艾滋病得以传播的相互作用网络不仅对于艾滋病毒的扩散有影响，而且对于它的毒性也有着重要的影响[210]。

5.4 数学生态学中的牛顿定律

1998 年《自然》杂志上的一篇论文《动植物的共同规则》揭示了生物体的一些常见计量值与其质量的关系，被《自然》杂志的编辑喻为数学生态学中的牛顿定律[211]。简单地说，就是发现了 $Y = Y_0 M^b$(M 为质量，Y 为生物体的一些计量值，Y_0 为常数) 关系中 b 值的大小和原因，并且这一规律在横跨质量的 21 个数量级中都满足 (见图 5.4 的左边第一个图[212])。依据传统的计算结果，生物体的一些计量值比如消耗能量，需氧量等都与散热有关，即与动物体的表面积有关。如此算来，b 值应为 2/3，但是大量的实验数据表明 b 为 3/4。为什么出现了这一偏差呢？这是由生命体的分形结构导致的。如图 5.4 中右边的两个图所示[213]，无论血管还是叶脉，它们都呈分形结构。根据分形的维数，经过一系列的假设和数学运算，便可得到 b 为 3/4。而这一论断的广泛性推广与实际观测值之间的精确匹配更加使人叹服 (表 5.1)[214]。

数学生态学中的牛顿定律不可思议地解决了原来看似相互矛盾而又无法解决的问题，从而充分地体现了它的魅力。更为关键的是，这一规律给生物界带来了统一的光明。一直以来，生物就以其多样性的特征而使研究难以统一。尽管进入基因研究时代后，在不同动物和不同植物之间找到了相当多的共性 (同工或同源性)，却仍然无法和物理、化学等学科的统一连贯相媲美；但是这一规律给出了在生物个体水平的一个统一规律，应当说还是迈进了一大步。

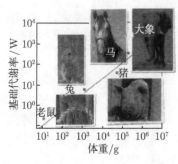

图 5.4　五种动物、血管、叶脉

表 5.1　牛顿定律的预测值与实际观测值

心血管			呼吸系统		
变量	指数		变量	指数	
	预测值	观测值		预测值	观测值
主动脉半径 r_0	$3/8 = 0.375$	0.36	气管半径	$3/8 = 0.375$	0.39
主动脉压力 $\Delta\rho_0$	$0 = 0.00$	0.032	胸膜间压力	$0 = 0.00$	0.004
主动脉血流速度 u_0	$0 = 0.00$	0.07	气管内空气流速	$0 = 0.00$	0.02
血容积 V_b	$1 = 1.00$	1.00	肺容积	$1 = 1.00$	1.05
循环时间	$1/4 = 0.25$	0.25	肺流量	$3/4 = 0.75$	0.80
循环距离 l	$1/4 = 0.25$	未检出	肺泡容量 V_A	$1/4 = 0.25$	未检出
心博量	$1 = 1.00$	1.03	潮气量	$1 = 1.00$	1.041
心脏频率 ω	$-1/4 = -0.25$	-0.25	呼吸频率	$-1/4 = -0.25$	-0.26
心脏排血量 $\dot{E}$	$3/4 = 0.75$	0.74	耗散功率	$3/4 = 0.75$	0.78
微血管数量 N_c	$3/4 = 0.75$	未检出	肺泡数 N_A	$3/4 = 0.75$	未检出
服务段半径	$1/12 = 0.083$	未检出	肺泡半径 r_A	$1/12 = 0.083$	0.13
沃斯理数 α	$1/4 = 0.25$	0.25	肺泡面积 A_A	$1/6 = 0.083$	未检出
微血管密度	$-1/12 = -0.083$	-0.095	肺面积 A_L	$11/12 = 0.92$	0.95
血氧亲和力 P_{50}	$-1/12 = -0.083$	-0.089	氧弥散量	$1 = 1.00$	0.99
总阻力 Z	$-3/4 = -0.75$	-0.76	总阻力	$-3/4 = -0.75$	-0.70
代谢率 B	$3/4 = 0.75$	0.75	耗氧率	$3/4 = 0.75$	0.76

5.5　数学生态学中的模糊数学思想

数量化的实质往往需要建立一个集合函数,进而以函数值来描述相应集合。传统的集合概念认为一个元素属于某集合,非此即彼、界限分明。可是生物界存在着大量界限不明确的模糊现象,而集合概念的明确性不能贴切地描述这些模糊现象,这就给生命现象的数量化带来困难。

模糊性是生态学现象复杂性表现的一个方面,随着电子计算机的发展以及它对日益复杂的系统的应用,处理模糊性问题的要求也比以往显得更加突出,这是模糊数学产生的背景。目前,模糊数学在农业生态中广泛应用于病虫测报、种植区划、品种选育等方面。

模糊概念不能用普通集合来描述,是因为不能绝对地区别"属于"或"不属于",而只能问属于的程度,即论域上的元素符合概念的程度不是绝对的 0 或 1,而是介于 0 和 1 之间的一个实数,这一点动摇了传统数学对集合的理解,使生物数学方法更加适合于解决生物学问题。例如,某一生态条件对某种害虫、某种作物的存活或适应性可以评价为"有利、比较有利、不那么有利、不利";灾害性霜冻气候对农业产量的影响程度为"较重、严重、很严重"等模糊的概念。

5.5 数学生态学中的模糊数学思想

根据集合论的要求,一个对象对应于一个集合,要么属于,要么不属于,二者必居其一,且仅居其一。这样的集合论本身并无法处理具体的模糊概念。为了处理和分析这些"模糊"概念的数据,便产生了模糊集合论,后来经过种种努力,催生了模糊数学。

模糊数学的理论基础是模糊集。模糊集的理论是 1965 年,由美国加利福尼亚大学的数学家扎德 (图 5.5) 教授在他所发表的开创性论文《模糊集合》中首先提出来的。

图 5.5 扎德

扎德在其论文中,给出的模糊集定义为:

从论域 U 到闭区间 $[0,1]$ 的任意一个映射: $\underset{\sim}{A}: U \to [0,1]$,对任意 $u \in U$, $u \xrightarrow{\underset{\sim}{A}} \underset{\sim}{A}(u)$, $\underset{\sim}{A}(u) \in [0,1]$,那么 $\underset{\sim}{A}$ 叫做 U 的一个模糊子集,$\underset{\sim}{A}(u)$ 叫做 u 的隶属函数,也记作 $\mu_{\underset{\sim}{A}}(u)$。

根据定义,可以知道所谓模糊集合,实质上是论域 U 到 $[0,1]$ 上的一个映射,而对于模糊子集的运算,实际上可以转换为对隶属函数的运算:

$$\underset{\sim}{A} = \varnothing \Leftrightarrow \mu_{\underset{\sim}{A}}(x) = 0$$

$$\underset{\sim}{A} = U \Leftrightarrow \mu_{\underset{\sim}{A}}(x) = 1$$

$$\underset{\sim}{A} \subseteq \underset{\sim}{B} \Leftrightarrow \mu_{\underset{\sim}{A}}(x) \leqslant \mu_{\underset{\sim}{B}}(x)$$

$$\underset{\sim}{A} = \underset{\sim}{B} \Leftrightarrow \mu_{\underset{\sim}{A}}(x) = \mu_{\underset{\sim}{B}}(x)$$

$$\bar{\underset{\sim}{A}} \Leftrightarrow \mu_{\bar{\underset{\sim}{A}}}(x) = 1 - \mu_{\underset{\sim}{A}}(x)$$

$$A \underset{\sim}{\cup} B \underset{\sim}{=} C \underset{\sim}{\Leftrightarrow} \mu_{\underset{\sim}{C}}(x) = \max\left[\mu_{\underset{\sim}{A}}(x), \mu_{\underset{\sim}{B}}(x)\right]$$

$$A \underset{\sim}{\cap} B \underset{\sim}{=} D \underset{\sim}{\Leftrightarrow} \mu_{\underset{\sim}{D}}(x) = \min\left[\mu_{\underset{\sim}{A}}(x), \mu_{\underset{\sim}{B}}(x)\right]$$

假设给定有限论域 $U = \{a_1, a_2, \cdots, a_n\}$，则其模糊子集 $\underset{\sim}{A}$ 可以用扎德给出的表示法：

$$\underset{\sim}{A} = \frac{\mu_{\underset{\sim}{A}}(a_1)}{a_1} + \frac{\mu_{\underset{\sim}{A}}(a_2)}{a_2} + \cdots + \frac{\mu_{\underset{\sim}{A}}(a_i)}{a_i} + \cdots + \frac{\mu_{\underset{\sim}{A}}(a_n)}{a_n}$$

该式表示一个有 n 个元素的模糊子集。其中，"+" 叫做扎德记号，不是求和；$a_i \in U (i = 1, 2, \cdots, n)$ 为论域里的元素；$\mu_{\underset{\sim}{A}}(a_i)$ 是 a_i 对 $\underset{\sim}{A}$ 的隶属函数，$0 \leqslant \mu_{\underset{\sim}{A}}(a_i) \leqslant 1$。

模糊集合适合于描述生物学中的许多模糊现象，为生物现象的数量化提供了新的数学工具。

扎德教授的这篇开创性论文，奠定了模糊集理论与应用研究的基础，标志着数学生态学中模糊数学的诞生。

最后，借用模糊数学创始人扎德教授的一句话："我们将发现人类能利用不确定性生物系统概念是一种巨大的财富而不是负担"[215]。

第6章　生物信息学思想的起源与发展

随着生命科学的快速发展，大量的问题不断出现，海量数据大量涌现，能够从中找到适合自己的问题就成为一件相当困难的事情。这就需要跟踪最新研究成果，具有敏锐的眼光和洞察力，在浩瀚的生物信息中发现研究的机遇，找好着力点。早期的生物数学研究方法把生物数据信息与相应数学信息的运算分析分割开来，收集整理生物数据信息的工作由生物学家完成，相应数学信息的计算分析由数学工作者完成。20世纪40年代末电子计算机的发明和普及应用，使得这两项工作都可由电子计算机来统一完成——计算机软件根据生物数据信息的特点，统一部署安排。并且随着计算机技术的不断提高，使得很多生物实验与数学问题在理论上的结果，可以在计算机上进行模拟。通过大量模拟生物试验来分析生物数学模型稳定性及其参数的稳定域，从而探讨怎样通过人为控制可以优化生物系统，提高生物系统的稳定性，使其朝良性循环的方向发展。目前，生物数学中几乎所有的复杂数学模型分析都需要通过计算机来实现，这导致生物数学的发展进入与信息处理相结合的时代。生物数学家将建立的生物数学模型和计算机运算分析、信息处理研究紧密地结合了起来，导致了生物数学的新分支——生物信息学的诞生[216]。

一般的模拟生物实验有两种：一种是基于生物数学模型的设计程序，在计算机上运行该程序，以运行的过程与结果来模拟生命现象；另一种是根据对某一特殊生命现象的观察，单独设计相应的计算机软件来模拟该特殊生命现象，然后在计算机中运行该软件来重演这一特殊生命现象，为进一步研究该生命现象做好预测准备工作。

1952年，图灵(图6.1)在研究生物学中的形态起源时，第一次运用计算机模拟求解数学模型。

1956年，在美国田纳西州盖特林堡召开的首次"生物学中的信息理论研讨会"上，给出了"生物信息学"的概念：生物信息学包含了生物信息的获取、加工、存储、分配、分析、解释等在内的所有方面，它综合运用数学、生物学和计算机科学的各种工具，来阐明和理解大量生物数据所包含的生物学意义。

伴随着人类基因组计划的胜利完成的同时，如大肠杆菌、线虫、果蝇、玉米等其他一些模式生物的基因组计划也都相继完成或正在顺利进行[217]。人类基因组以及其他模式生物基因组计划的全面实施，使分子生物数据以爆炸性速度增长[218]。

图 6.1　图灵

1986 年，著名的美国分子生物学家、诺贝尔奖获得者 (1980 年) 吉尔伯特 (Walter Gilbert, 1932—)(图 6.2) 在《自然》上发表论文指出：当前分子生物学已进入实验与理论并行发展的阶段。事实上，将概率论与数理统计等数学方法，结合计算机技术应用于分子生物学中，经过几十年的发展，一门新兴的生物数学分支 —— 生物信息学已经形成[219]。

图 6.2　吉尔伯特

由于生命现象的复杂性和随机性，把数学这种定量的逻辑应用其中，需要大量的随机数字与工作量惊人的计算，生物数学家不得不把数学模型的建立和运算分析转向生物信息处理的研究上来。因此，生物信息学使计算机成为了生物数学的重要工具，可以进行很大数量的分析处理，从而克服了实际实验中只能对少部分生物现象进行分析的局限，并使生物数学的研究成果不再是建立模型和数值运算，还包括信息处理[220]。

下面首先介绍生物信息学中的遗传算法。

6.1 遗传算法思想的产生和发展

生物在自然界中的生存繁衍，显示出了其对自然环境的优异自适应能力。受其启发，人们致力于对生物各种生存特性的机理研究和行为模拟，其中，遗传算法就是这种生物行为模拟中令人瞩目的重要成果，它为自适应系统的设计和开发提供了广阔的前景。

遗传算法是一种自适应全局优化概率搜索仿生算法，它形成于模拟生物在自然环境中的遗传和进化过程 (从简单到复杂，从低级到高级) 中。基于对生物遗传和进化过程的模拟，遗传算法使得各种人工系统具有优良的自适应能力和优化能力，它所借鉴的生物学基础就是生物的遗传和进化。遗传算法求解问题的基本思想是从问题的可行解出发的，它将问题的一些可行解进行编码，这些已编码的解即被当作群体中的个体 (染色体)，个体对环境适应能力的评价函数就是问题的目标函数。通过模拟遗传学中的杂交、变异、复制来设计遗传算子，用优胜劣汰的自然选择法则来指导学习和确定搜索方向。对由个体组成的群体进行演化，利用遗传算子来产生具有更高平均适应度值和更好个体的群体，经过若干代后，选出适应能力最好的个体，它就是问题的最优解或近似最优解。通过迭代保留优秀个体，淘汰劣等个体，并通过遗传变异来达到进化 (优化) 求解。

遗传算法将搜索空间映射成遗传空间。在遗传空间中的每个生物体代表搜索空间的一个解，由特定数量的个体组成一个种群，由适应度函数得出各个生物体的适应度值以标识当前个体的优劣，每一代种群个体经过交叉、变异以及选择操作，生成新一代种群个体。一般情况下，新一代种群个体都比原种群个体的平均适应度值要好，经过多代地进化，最终得到一个最优个体。遗传算法的搜索过程是一个由已知个体向未知个体搜索，并且新个体比原个体更为优秀的过程。这适合系统从已知的规则搜索到更准确、合理的不可知规则的需求。

20 世纪 50 年代后期，一些生物学家着手采用计算机模拟生物的遗传系统，尽管这些工作纯粹是研究生物现象，但其中已经开始使用现代遗传算法中的一些标识方式。在图像处理过程中，如扫描、特征提取、图像分割等不可避免地会存在一些误差，这些误差会影响图像处理的效果。如何使这些误差最小是使计算机视觉达到实用化的重要要求。遗传算法在这些图像处理中的优化计算方面发挥了重要作用，并且逐渐在模式识别、图像恢复、图像边缘特征提取等方面得到了广泛应用。

1965 年，德国柏林工业大学的瑞申堡 (L. Adam Rechenberg) 等学者正式提出进化策略的方法，当时的进化策略只有一个个体，而且进化操作也只有变异一种。同年，美国的 L. J. Fogel 正式提出进化规划，在计算中采用多个个体组成的群体，而且只运用变异操作[221]。

20 世纪 60 年代，美国密执安大学的霍兰德（John Henry Holland，1929—）(图 6.3) 教授和他的学生受到生物系统本身与外部环境相互协调的生物模拟技术的启发，创造出一种基于生物遗传和进化机制的适合于复杂系统优化计算的自适应概率优化技术——遗传算法[222]。

图 6.3　霍兰德

1967 年，Bagley 发表了关于遗传算法应用方面的论文，在其论文中首次使用了"遗传算法"(genetic algorithm) 一词。

1968 年，霍兰德教授又提出模式理论，该理论后来成为遗传算法的主要理论基础。

1975 年，霍兰德教授的专著《自然界和人工系统的适应性》正式出版。该书全面地介绍了遗传算法的特点，人们常常把这一事件视作遗传算法问世的标志。霍兰德因此被视为遗传算法的创始人。

1975 年，美国科学家德茸 (Kenneth A. De Jong)(图 6.4) 的博士论文《遗传自适应系统的行为分析》基于遗传算法的思想进行了大量的纯数值函数优化计算实验，极大地发展了霍兰德的工作[223]。霍兰德和德茸所作出的巨大贡献使遗传算法进入了快速发展阶段。

1985 年，作为霍兰德的学生，D. E. Goldberg 博士对前人的一系列研究工作进行归纳总结，形成了遗传算法的基本框架。他出版的专著《遗传算法——搜索、优化及机器学习》全面、系统地介绍了遗传算法，使这一技术得到普及与推广[224]。该书被人们视为遗传算法的教科书。

1985 年，在美国举行第一届遗传算法国际学术会议 (International Conference on Genetic Algorithms, ICGA)，与会者交流运用遗传算法的经验。随后，1987，1989，1991，1993，1995 及 1997 年，每 2 年左右都举行一次这种会议。

图 6.4 德茸

1987 年,美国学者戴维斯 (Lawrence Davis) 总结人们长期从事遗传算法的经验,公开出版《遗传算法和模拟退火》一书,以论文集形式用大量实例介绍遗传算法[225]。

20 世纪 90 年代,遗传算法不断地向广度和深度发展:

1991 年,戴维斯出版了《遗传算法手册》一书,详尽地介绍了遗传算法的工作细节[226]。

1992 年,美国斯坦福大学的 John R. Koza 教授出版专著《遗传规划——应用自然选择法则的计算机程序设计》[227],该书全面介绍了遗传规划的原理及应用实例,标明遗传规划已成为进化算法的一个重要分支。Koza 本人也被视为遗传规划的奠基人。

1994 年,John R. Koza 教授又出版第二部专著《遗传规划 II:可再用程序的自动发现》[228],提出自动定义函数的新概念,在遗传规划中引入子程序的新技术。同年,Kenneth E. Kinnear 主编《遗传规划进展》,汇集了许多研究工作者有关应用遗传规划的经验和技术[229]。

1996 年 Zbigniew Michalewicz 的专著《遗传算法 + 数据结构 = 进化程序》(第三版) 深入讨论了遗传算法的各种专门问题[230]。同年,T. Back 的专著《进化算法的理论与实践:进化策略、进化规划、遗传算法》深入阐明进化算法的许多理论问题[231]。

中国开展遗传算法研究,主要在 20 世纪 90 年代。目前,已成为继专家系统、人工神经网络之后有关人工智能方面的第三个热点课题。

6.2 生物网络数学模型的产生和发展

生物网络 (基因调控网络、新陈代谢网络、蛋白质相互作用网络等) 的预测和重构是目前最为关注的焦点之一。理解和描述各种基因之间、组织之间、器官之间、物种之间和外界环境之间的相互关系网络，以及引起遗传突变和表型改变的因素，是曾经研究过的任何复杂系统所不能处理的。

生物网络数学模型的建立工作最初源于密歇根大学的数学家科享 (Manfred Kochen, 1928—1989) 与麻省理工学院的社会科学家普尔 (Ithiel de Sola Pool, 1917—1984) 于 20 世纪 50 年代初在巴黎大学工作时从数学的角度合写的一篇题为《接触及影响》的著名数学手稿，其中介绍了以小世界现象为原理建立生物网络数学模型的开创性工作，这是最早的小世界生物网络模型[232]，并指出：即使结构化程度很高的人群中的相识关系链的特征路径长度也不比完全无组织人群中的特征路径长度长很多。该手稿于 1978 年正式发表前，已经在学术界流传了 20 多年[233]。生物网络数学模型对人们的巨大吸引力主要在于：它能充分逼近复杂的非线性关系；具有高度鲁棒性和容错能力；并行分布处理；分布存储和学习能力。

通过构建一些合理的生物网络数学模型，可将复杂的生物过程简化，使我们的研究思路和重点得以突出。而计算机的组织方式，尤其是并行计算，与生命系统有很大的相似性，在生命状态的维持过程中，每一层次，每一部分都是一个不断自我调节和更新的动态网络。其研究方法主要是利用大量的生物实验数据，运用数据挖掘技术来反向分析和挖掘特定生物元件之间的关联信息，并试图以复杂系统的观点为出发点，从生物元件之间关系的角度来揭示和再现它们之间相互作用的网络拓扑结构，揭示其复杂的作用机理及其功能信息。

在生物体内，新陈代谢无时无刻不在发生。新陈代谢途径是极为复杂的，因此，在将生物新陈代谢表达为网络的过程中，需要将一个代谢反应用图论表示。如图 6.5 中的图 (a) 所示，黑色矩形表示生化反应，进入反应的 A，B 为离析物，反应后产生的 C，D 称为产物。此反应的图论表示如图 6.5 中的图 (b) 所示。按照上述方法，就能将代谢途径巨图以点线式的网络表示[234]。

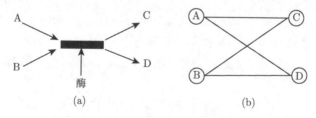

图 6.5　代谢反应及其图论表示

下面重点介绍生物网络数学模型中的一类重要模型——神经网络数学模型。

神经网络是指人工神经元按照各种方式连接所构成的完整的网络系统。而神经网络数学模型是指，在对人脑的结构及基本原理研究清楚以后，根据生物神经元的基本性质，建立起相应地神经网络的数学模型。

我们知道生物的神经系统是一个由大量的非线性元通过广泛连接所构成的多级系统，正是由于各级层次上系统的非线性，所以其上一层次具有下一层次自系统所没有的性质。因此，神经系统表现出极大的复杂性，也正是因为神经系统的各个层次上都有大量的非线性动力学问题，所以其研究具有复杂性和广泛性。而神经网络数学模型是对生物神经系统基本性质进行模仿的模型，也具有生物神经网络系统所具有的复杂动力学性质。因此，基本特性模仿得越多，越能解决实际问题。

时至今日，神经网络数学模型的研究和生物神经网络的研究已相互渗透和同步深入。对于神经网络数学模型的描述已经广义化了。例如：有人认为神经网络数学模型就是一类函数 (只是这类函数有别于一般的函数，比普通的函数多了一个学习的过程)，是一种数学计算方法 —— 因各人对其研究的需要不同而不同。因而对其研究的人也就涉及诸领域，但神经网络数学模型还是必须具有基本的动力学模型之基本特点：收敛、振荡、混沌。

1943 年，数学家匹茨 (Walter Pitts，1923—1969) 和心理学家麦克卡洛 (Warren Sturgis McCulloch，1898—1969) 研究了神经细胞行为的数学模型表达，率先提出了神经元的形式化数学描述中的二值神经元模型和网络结构方法，证明了单个神经元能执行逻辑功能，建立了神经网络数学模型，并提出一种叫做 "似脑机器"(mindlike machine) 的思想 —— 似脑机器可由基于生物神经元特性的互连模型来制造[235]，这就是神经网络数学模型的雏形。他们通过神经元的形式化数学描述和网络结构方法，证明了单个神经元能执行逻辑功能，从而开创了人工神经网络研究的时代。

1949 年，加拿大学者赫布 (Donald O. Hebb，1904—1985) 根据心理学中条件反射的机理，发表了论著《行为自组织》(*The Organization of Behavior*)，首先提出了突触联系强度可变的设想，并给出了神经元之间连接变化的规则，即著名的赫布学习规则，使研究目标从 "似脑机器" 变为 "学习机器"，归结为 "当某以突触 (连接) 两端的神经元的激活同步 (同为激活或同为抑制) 时，该连接的强度应增强，反之应减弱"[236]。用数学模型可描述为

$$\Delta w_{kj}(n) = F(y_k(n), x_j(n))$$

上式中 $y_k(n)$, $x_j(n)$ 分别为 w_{kj} 两端神经元的状态，其中最常用的一种情况为连接权值的调整正比于两相连神经元活动状态的乘积：

$$\Delta w_{kj}(n) = \eta y_k(n) x_j(n)$$

由于 Δw 与 $y_k(n)$, $x_j(n)$ 的相关成比例，有时称之为相关学习规则。

1957 年，美国学者弗兰克·罗森布拉特 (Frank Rosenblatt，1928—1971) 等首次提出描述信息在人脑中存储和记忆的数学模型，即感知器模型，并给出了感知器

学习规则。到 20 世纪 60 年代初期，更完善的神经网络模型被提出，其中包括斯坦福大学威德罗 (Bernard Widrow) 教授和他的研究生霍夫 (Marcian E. Hoff) 于 1962 年提出的自适应线性神经元，并给出了 δ 学习规则 [237]。

1969 年，美国波士顿大学的斯蒂芬·格罗斯伯格 (Stephen Grossberg) 教授提出了 ART 神经网络学习矩阵，给出了几种具有新颖特性的非线性动态系统结构。该系统的网络动力学由一阶微分方程建模，而网络结构为模式聚集算法的自组织神经实现。

美国麻省理工学院著名人工智能学者 Marvin L. Minsky 和 Seymour A. Papert 仔细分析了以感知器为代表的神经网络系统的功能及局限后，从数学上证明了感知器不能实现复杂逻辑功能，并于 1969 年出版了《感知器》(Perceptron) 一书，指出感知器不能解决高阶谓词问题，从理论上证明了单层感知机的能力有限，诸如不能解决异或问题 [238]。他们的论点极大地影响了神经网络的研究，加之当时串行计算机和人工智能所取得的成就，掩盖了发展新型计算机和人工智能新途径的必要性和迫切性，恰似一瓢冷水，使很多学者感到前途渺茫而纷纷改行，原先参与研究的实验室纷纷退出，在这之后近 10 年，神经网络研究进入了一个缓慢发展的萧条期。然而，一些人工神经网络的研究者仍然致力于这一研究，比如 1972 年芬兰学者克·号列 (Teuvo Kohonen) 和美国学者艾德森 (Jallles Anderson) 不约而同地提出了能够完成记忆的新型神经网络，发展了斯蒂芬·格罗斯伯格在自组织映像方面的研究工作，并形成了自组织映射理论，反映了大脑神经细胞的自组织特性、记忆方式以及神经细胞兴奋刺激的规律。还有些学者提出了适应谐振理论 (ART 网)、认知机网络，同时进行了神经网络数学理论的研究。以上研究为神经网络数学模型的研究和发展奠定了基础 [239]。

1982 年，美国加州工学院科学家约翰·约瑟夫·霍普菲尔德 (John Joseph Hopfield) 在神经元交互作用的基础上引入一种递归型神经网络，提出了有名的"霍普菲尔德"神经网格数学模型，并引入了"计算能量"概念与能量函数，给出了网络稳定性判据，实现了问题的优化求解；1984 年，他又提出了连续时间"霍普菲尔德"神经网络模型，为神经计算机的研究做了开拓性的工作，开创了神经网络用于联想记忆和优化计算的新途径，有力地推动了神经网络的研究；此期间的主要成果还有：玻尔兹曼模型——在学习中采用统计热力学模拟退火技术，保证整个系统趋于全局稳定点 (1985 年)；他于 1986 年进行了认知微观结构研究，提出了并行分布处理的理论。"霍普菲尔德"神经网络模型如图 6.6 所示。

1986 年，美国心理学家大卫·埃弗雷特鲁梅哈特 (David Everett Rumelhart, 1942—2011) 和 J. L. Mcglelland 及其研究小组重新发现了误差反向传播算法，并在 *Parallel Distributed Processing* 一书中有力地回答了 1969 年 Minsky 和 Papert 对神经网络的责难，成为至今影响最大、应用最广的一种网络学习算法——误差反

6.2 生物网络数学模型的产生和发展

向传播算法。作为一种前馈神经网络的学习算法，如果不能在输出层得到期望的输出，则转入反向传播，运用链数求导法则将连接权关于误差函数的导数沿原来的连接通路返回，通过修改各层的权值使得误差函数减小[240]。

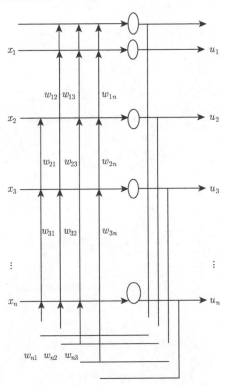

图 6.6 "霍普菲尔德"神经网络模型

1990 年，Eckhorn 提出了一种神经网络模型[241]，其表达式可用以下的方程组表示：

$$U_{mk}(t) = F_k(t)[1 + L_k(t)]; \quad F_k(t) = \sum_{i=1}^{N} \left[\omega_{ki}^k Y_i(t) + N_K(t) \right] \otimes I(v^a, \gamma^a, t)$$

$$L_k(t) = \sum_{i=1}^{N} \left[\omega_{ki}^k Y_i(t) + N_K(t) \right] \otimes I(v', \gamma', t)$$

$$Y_k(t) = \begin{cases} 0, & U_{mk} \geqslant \theta_k(t) \\ 1, & \text{其他} \end{cases}$$

上式中 N 为神经元数目；ω 为突触的权重；$F_k(t)$ 表示神经元的前向突触，用于接收输入；$L_k(t)$ 表示神经元的侧向突触，用于接收周围神经元耦合；$U_{mk}(t)$ 表示第 k 个神经元的膜电压；$\theta_k(t)$ 表示可变阈值；$Y_k(t)$ 表示周围神经元的输出。

1993 年，德国两位学者 Burkhard Rost 和 Chris Sander 提出了三级生物网络模型 [242]，这种神经网络方法已经成为了蛋白质结构预测普遍采用的方法。

1997 年，Donald Bryce Carr 等研究了大鼠脊髓的基因活动 [243]，通过聚类分析证明了具有已知相似功能的基因属于一类。

对图 6.7 关于神经元基本特性进行模拟后，可得基本神经元数学模型，如图 6.8 所示 [244]。

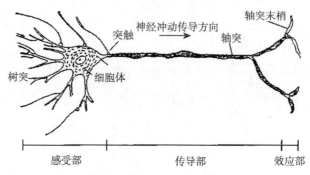

图 6.7 神经元构成示意图

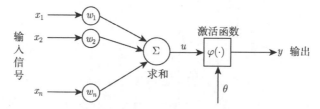

图 6.8 基本神经元数学模型

在人工神经网络中，突触输入信息为矢量 $X = \{x_1, x_2, \cdots, x_n\}$，通过突触的连接强度 $W = \{w_1, w_2, \cdots, w_n\}$ 的加权，进行线性求和后，若把输入的维数增加一维，则可把偏置 $-\theta$(或阈值 θ) 包括进去，权值为 $w_0 = \theta$，如上图所示，通过非线性输入-输出函数得到输出：

$$y = f(u) = f\left(\sum_{i=1}^{n} w_i x_i - \theta\right)$$

其中输入-输出函数一般为 S 型函数。

虚线框内代表一个神经元，在网络中我们常用一个神经元节点表示 [245]。根据人脑神经元之间连接的多样性，模拟人脑神经网络的人工神经网络的连接也具有各式各样的结构。例如：

$$v_k = \sum_{j=0}^{p} w_{kj} x_j, \quad y_k = \varphi(u_k)$$

2004 年美国约翰·霍普金斯大学的贝德 (Joel S. Bader) 教授等人将逻辑斯谛回归模型用来预测蛋白质之间的生物学关系 [246]，这种运用使得通过遗传学和基因表达数据来分析蛋白质数据成为了可能。

2006 年王明会等将马尔可夫链模型应用于蛋白质可溶性的预测，预测精度普遍好于或接近于神经网络、信息论和支持向量机法的结果，而且该模型的运算复杂度低，耗时也更短 [247]；同年，张菁晶等人将隐马尔可夫模型运用于目标基因全基因组的预测，同量高、准确度高并且操作简单，尤其在多结构域蛋白家族的预测上优势明显 [248]；张文彤等人综合了聚类方法和进化树分析的优点，通过先聚类将数据拆分，然后根据聚类的类别构建进化树，这种方法可以很好地在大样本数据中应用，并以甲型流感病毒的 H3A1 序列作为实例，构建拼接出了完整的进化树结果 [249]；徐丽等人针对 Viterbi 算法和 Baum-Welch 算法在隐马尔可夫模型的参数估计中无法找到全局最优解，提出了基于遗传算法的 HMM 参数估计，这种方法用于多序列对比研究时可以更好地避免局部最优解 [250]。

2007 年，周晓彦等人通过综合模糊数学和核判别方法的优点，提出了一种基于模糊核判别分析的基因表达数据分析方法，并以多发性骨髓瘤的基因表达数据为例证实了这种方法的可行性和精确性 [251]；刘万霖等人介绍了构建基因调控网络的多种算法和方法 [252]，比如马尔可夫链可以用于分析时间序列微阵列表达数据；将随机和概率等引入布尔网络模型，可以增强基因网络调控的精确性。

2008 年，刘桂霞等人提出了一种带偏差单元的递归神经网络数学模型 [253]。该模型根据误差反向传播算法得出权系数调整规则，使得收敛速度比一般的多层前馈网络更快，对于预测蛋白质关联图有一定的实用价值。

由此可见，以神经网络数学模型为代表的生物网络数学模型已经变得越来越成熟了。

6.3 生物信息学中的主要数学思想

(1) 概率论与数理统计思想。从频度计数到贝叶斯统计，从独立随机模型到高阶马尔可夫过程和隐马尔可夫过程都在生物信息学中有广泛应用。如概率论与数理统计中的隐马尔可夫链模型将完全随机地由 A, T, C, G 四个字母表示 DNA 的四种核苷酸组成的长序列构造出一个离散随机的过程，即马尔可夫链。此过程中每个字母的位置是随机的，单字母的"状态概率"和字母间的"转移概率"均平等，然后用实际的 DNA 序列构造出相应的马尔可夫链，用此模型去验证另一个给定的 DNA 序列是否属于该物种。该模型还可用于数据库的搜索、序列比较、建立蛋白质模型及发现新基因等研究。当同族蛋白质的隐马尔可夫链建立后，可以用此模型发现同族的其他蛋白质。如果建立关于蛋白质基元或域的模型，则可以检验这种基元或域在数据库中的存在[254]。

(2) 运筹学思想。例如，动态规划是序列比对的基本工具。1958年，美国数学家贝尔曼 (Richard Ernest Bellman, 1920—1984)(图 6.9) 等人在研究多阶段决策过程的优化问题时，提出了著名的最优化原理，把多阶段过程转化为一系列单阶段问题，逐个求解，创立了解决这类过程优化问题的新方法——动态规划[255]。

图 6.9　贝尔曼

动态规划是运筹学的一个分支，是求解决策过程最优化的数学方法。在状态空间中，根据目标函数，通过递推，求出一条从状态起点到状态终点的最优路径 (代价最小的路径)；通过动态规划回溯法即可得到序列比对的最优结果。动态规划在生物信息学研究中用的最多的方面是 DNA 序列或者蛋白质序列的两两对比排列。

(3) 信息论思想。信息论方法在分子进化、蛋白质结构预测、蛋白质或 DNA 序列比对中有重要应用[256]，而人工神经网络方法则用途极为广泛。随着人类基因组计划的实施和生物信息学研究的兴起，ANN 模型已广泛应用于核酸和蛋白质序列的分析。例如，在核酸序列研究中，ANN 模型在原核生物的转录终端的预测及对启动子、外显子和内含子的鉴别；确定 DNA 序列与其性质之间的映射关系的过程中，ANN 模型用于转录控制信号的分析和 DNA 曲率的分析等。

在生物信息学研究中，运用最多的 ANN 模型是多层前馈网络模型，这种模型使用最广泛的算法是 BP 算法，也叫 BP 神经网络。为了提高序列信息估算方法的准确度，许多人将神经网络与其他算法结合使用，推出新的算法，以求达到更高的精度。例如，1994 年，萨拉莫夫 (Asaf A. Salamov) 和索洛维也夫 (Victor V. Solovyev) 利用改进的人工神经网络和最近相邻法，减少了计算的时间，在序列联配方面所得到的计算精度超过了当时计算精度最高的多层神经网络方法[257]。1999 年，他们将最近相邻法作了进一步改进，用一种可变的最近相邻法与神经网络结合，进行预测蛋白质的二级结构序列，预测精度得到进一步提高[258]。

(4) 序列比对思想。这一方法是生物信息学的基础，常用于研究生命现象中由共同祖先进化而来的序列，特别是如蛋白质序列或 DNA 序列等生物序列。在比对过程中，错配与突变相对应，而空位与插入或缺失相对应。序列比对方法还可用于语言进化或文本间相似性之类的研究，它的基本问题是比较两个或两个以上符号序列的不相似性或相似性。

两个序列的比对有较成熟的动态规划算法，以及在此基础上编写的比对软件包——FASTA 和 BALST 等。这些软件在数据库搜索和查询中都有着十分重要的应用。通过序列比对方法可以发现：两个生物序列总体虽然从表面上看可能并不很相似，但是其中的某些局部片断的相似性却很高。目前，Smith-Waterman 算法是解决局部比对的较好算法，但是它的速度较慢。两个以上序列的多重序列比对尚缺乏快速而又有效的算法。

(5) 其他主要数学思想。例如，聚类分析、动态规划等是生物信息学的数学基础；最优化理论与算法，在蛋白质空间结构预测和分子对接研究中有重要应用；用两种限制性内切酶切割来生成酶切图谱，背后是一个矩阵代数问题；拓扑学，这里指几何拓扑，在 DNA 超螺旋研究中是重要工具，在多肽链折叠研究中也有应用；函数论，如傅里叶变换和小波变换等都是生物信息学中的常规工具；计算数学，如常微分方程数值解法是分子动力学的基本工具；群论，在研究遗传密码和 DNA 序列的对称性方面有重要应用；组合数学和图论等离散数学及代数学相关方法，在分子进化和基因组序列研究中十分有用 [259]；生物分子网络分析算法将生物数学模型应用到生物网络拥塞控制机制中，来控制链路中拥塞的发生。例如，利用捕食者与被捕食者的食物链模型来描述生物网络中链路中的剩余链路。这就使得这些生物网络变量运用生物数学的方法将它们联系起来，用生物网络中的其他变量来估算发送方拥塞窗口的大小，达到改变拥塞窗口大小的目的，尽量避免排队以及丢包事件的发生 [260]。

第 7 章　五位重要人物对生物数学思想发展的影响

据史料记载，有许多生物学家常常在其论著中加进一些数学来装饰门面，从结论找生物数据，以使自己的著作显眼或提高知名度，但是他们这只是拼凑，不是生物数学，真正的生物数学是从生物数据中找结论。他们虽然在当时引起了人们的赞扬，但是后来却丝毫没有了光彩。比如，一位有名的生物分类学家曾央求他的数学家妻子为他的每一篇生物分类文章都增添一份有复杂数理统计分析的补遗，虽然他实际上在作出生物分类结论时根本没有使用过这些数理统计分析 (如果真正注意搜寻的话，这种例子会发现更多)[261]。

与此相反，孟德尔、沃尔泰拉、高尔顿、费希尔、拉谢甫斯基这 5 位重要人物在生物数学的起源与形成过程中所做的部分工作虽然曾被人们所忽视，但是随着时间的推移，他们对于生物数学的巨大贡献越来越引起后人关注，并被更深刻地加以认识。

7.1　孟德尔对生物数学思想发展的影响

1822 年 7 月 22 日，孟德尔 (图 7.1) 出生在当时位于奥地利帝国境内的赫兹杜尔夫城。他于 1840 年以优异的成绩毕业于特罗保的预科学校，并进入奥尔米哲学院学习。1843 年因家贫而辍学后进入布隆的奥古斯丁修道院，成为一名僧侣。1850 年，他参加教师资格考试，但因生物学和地质学方面的知识太少而未通过。1851

图 7.1　孟德尔

7.1 孟德尔对生物数学思想发展的影响

年，孟德尔被修道院送去维也纳大学学习数学和包括物理学、化学、动物学、昆虫学、植物学、古生物学在内的自然科学课程，同时受到杰出科学家的影响。他回到修道院后当了神父，1854年被委派到布隆技术学校任物理学和博物学的代理教师，在那里工作了4年之久。

在布隆技术学校任教期间，孟德尔受到"细胞种质学说"的启发，于1856年开始以豌豆为材料进行植物杂交育种的遗传研究。不过孟德尔不是研究豌豆单个生物体，而是采用了种群分析法。他选择了豌豆品种这一理想材料作为研究对象，又把工作限于彼此间差异十分明显的单个性状的遗传过程，这样就使得实验结果大大便于统计分析。

其中，"细胞种质学说"为深受德国自然哲学影响的德国著名植物学家奈戈理(Karl Wilhelm von Nägeli, 1817—1891)(图7.2)于1844年提出的生物通过内在动力发生进化的理论。奈戈理认为：生命的基本单元不是细胞，而是含有遗传物质的更小的分子团——细胞种质。他的"细胞种质学说"后来被德国生物学家卫司幔(August Friedrich Leopold Weismann, 1834—1914)(图7.3)进一步发展。

图7.2 奈戈理

图7.3 卫司幔

孟德尔在豌豆的杂交试验中发现，如果高植株与高植株杂交，产生的子代都是高植株；矮植株与矮植株杂交，产生的子代都是矮植株。不过，当高植株与矮植株杂交时，第一代子代(F1)都是高植株。当用F1代的这些高植株相互杂交时，得到的第二代(F2)的高植株与矮植株的比例总是3:1。这些F2代的矮植株与其他的矮植株的杂交情况，通过证明没有什么不同，也就是说，矮植株的性状虽然在F1代中被高植株性状所掩盖，但在F2代中却又恢复了过来。接着孟德尔考察了豌豆的一些其他性状，结果发现了类似的遗传规律。例如，圆皮豌豆与皱皮豌豆杂交，圆皮是显性性状，皱皮是隐性性状；紫花豌豆与白花豌豆杂交，紫花是显性性状，白花是隐性性状,其性状的分配规律也是 3:1。

在经过连续 8 年的豌豆杂交试验研究之后,孟德尔分别于 1865 年的 2 月 8 日和 3 月 8 日两次在布隆自然科学协会上报告了他自 1856 年以来从事植物育种试验的研究结果,并于 1866 年在《布隆自然科学学会会刊》上发表了一篇题为《植物杂交试验》的论文,共计 41 页。该论文是科学文献中伟大的经典著作之一,也是科学报告的典范。孟德尔在这篇论文中提出了遗传单位"因子"(现在称为"基因") 及显性性状、隐性性状等重要概念,并阐明其遗传规律,后人称为孟德尔定律 (包括"分离定律"及"自由组合定律")。孟德尔总结和指出了一整套科学的杂交研究方法,如纯系培育、性状分类、回交实验等,开创性地引进和运用数理统计方法,把遗传学研究从单纯的观察和描述推行到定量的计算分析,为现代遗传学研究奠定了方法论基础。在阐述性状遗传的同时,孟德尔还提出了数量性状遗传的思想,并用因子的组合作用来解释。论文《植物杂交试验》所在会刊曾被分送到国内外 120 多个科学研究机构和大学的图书馆,在欧洲很多图书馆内都可找到这篇论文。

他的主要实验结果可概括为:

(1) 性状分离规律。对豌豆杂交第一代通过白花授粉所产生的杂种第二代中,表现显性性状与表现隐性性状个体的比例约为 3:1,结果见表 7.1。

表 7.1 孟德尔实验结果

F1 显性	F1 隐性	F2 显性	F2 隐性	比例
圆种	皱种	5474	1850	2.96:1
黄种	绿种	6022	2001	3.01:1
紫花	白花	705	224	3.15:1
鼓荚	瘪荚	882	299	2.95:1
绿荚	黄荚	428	152	2.85:1
侧花	顶花	651	207	3.14:1
高株	矮株	787	277	2.84:1

(2) 自由组合规律。形成有两对以上相对性状的杂种时,各相对性状之间发生自由组合。孟德尔为解释这些结果,提出了一些假设。例如,遗传性状由遗传因子所决定;每一植株含有许多成对的遗传因子,每对遗传因子中,一个来自父本雄性生殖细胞,一个来自母体雌性生殖细胞,当形成生殖细胞时,每对遗传因子互相分开,分别进入一个生殖细胞,等等。

为了解释豌豆的高矮性状的遗传现象所产生的奇妙的结果,孟德尔假设在每一个亲本生物中,每两个因子决定一个遗传性状,一个因子来自父本,另一个来自母本。每一个亲本生物所拥有的两个因子可以是相同的,也可以是不同的。当两个不同的因子在一起的时候,一种因子抑制了另一种因子的表达。孟德尔把表达的因子称为显性因子,未表达的因子称为隐性因子。

孟德尔的工作是划时代的,其伟大之处在于将近代科学的实验加上数学的方法运用到遗传问题的研究当中。植物的杂交实验在当时非常普遍,但只有孟德尔对所有的杂交后代进行了统计分析,也只有他用纯种进行实验,考察单个性状的遗传规律。

正如拉瓦锡通过建立代数方程计算化学变化,使化学成为科学一样,孟德尔利用统计方法推算遗传规律,使遗传学成为科学[262]。

总结孟德尔成功的原因主要有以下五点:

(1) 正确地选用豌豆作为试验材料。作为杂交实验材料,他不用动物做实验是因为动物繁殖时间长,而他成功地选择了豌豆则具有一定的偶然性。豌豆的优点是:豌豆是严格的自花传粉植物,后代一般是纯种,性状也比较稳定。另外,豌豆的相对性状之间区分明显,不易混淆,便于观察和分析,并且所研究的豌豆的相对性状都是完全显性的,杂交子一代都表现出显性性状,杂交子二代的性状分离比均为 3:1(而若碰到不完全显性的相对性状,那麻烦可就大了。孟德尔在探索两对相对性状的遗传规律时,碰到的控制不同相对性状的基因都存在于不同对的同源染色体上,这也为他顺利地揭示出基因的自由组合定律提供了机遇。假如他碰到的两对基因存在于同一对染色体上的话,那将会给他带来很大的麻烦)。

(2) 在性状分析时,他正确地采用了由单因素到多因素的研究方法。

(3) 注重运用当时数学领域的最新成果 —— 统计学方法对杂交后代中出现的性状分离现象进行统计学分析。

(4) 科学地设计了试验程序 (在孟德尔以前,人们对生物学的研究主要是运用观察、调查、类比甚至臆断的方法进行研究,这些方法难以取得重大成果)。

(5) 锲而不舍的精神。正所谓 "机遇是为有准备的人准备的"。孟德尔在科学探索上具有坚韧的意志品质,经过 8 年持之以恒的探索,终于取得了丰硕的成果。

孟德尔认为他的结果恰恰可以证明当时植物学界的权威人士奈戈理的种质学说,从而把论文寄给了他。然而,由于奈戈理不大精通数学,又不屑于花费精力重复孟德尔的实验,因此对孟德尔的发现反应平淡。权威的这种态度使孟德尔心灰意冷,加之他被任命为修道院院长而没有继续他的具有划时代意义的研究。可惜大植物学家奈戈理到死也不知道,由于他的态度而对遗传学以及他自己的种质学说的进一步发展犯了一个多么大的错误。历史给人们留下的又一遗憾是达尔文竟然毫不知晓孟德尔的研究,否则进化论的表达将会完善许多。但最令人惋惜的是孟德尔本人也未意识到他的学说对进化论和整个生命科学的价值,否则他将百折不挠地继续他的研究。然而,尽管历史学可以有假设,但历史毕竟是历史,它留给人们的遗憾永远无法消除[263]。

由于 19 世纪的生物学家对于孟德尔所使用的数理统计方法还十分生疏,几乎没有人能理解他对遗传问题的试验方法,所以并未引起科学界的注意。过了 35 年,一直到 1900 年，孟德尔的《植物杂交试验》通过 3 篇都刊登在 1900 年出版的《德国植物学会杂志》第 18 卷的论文才被重新发现。其中，荷兰阿姆斯特丹的德弗里斯 (Hugo de Vries, 1848—1935)(图 7.4) 的《杂种的分离律》(发表于《德国植物学会杂志》，第 83-90 页，3 月 14 日收到)、德国都宾根的科伦斯 (Carl Correns, 1864—1933)(图 7.5) 的《关于品种间杂种后代行为的孟德尔定律》(发表于《德国植物学会杂志》第 18 卷，第 158—168 页，4 月 24 日收到)、奥地利维也纳的邱歇马克 (Erich von Tschermak-Seysenegg, 1871—1962)(图 7.6) 的《关于豌豆的人工杂交》(发表于《德国植物学会杂志》第 18 卷，第 232—239 页，6 月 2 日收到) 都证实了孟德尔有关单个性状遗传的法则。这 3 位研究植物杂交的植物学家分别用不同材料，在不同地点试验得出跟孟德尔相同的遗传规律，从而使孟德尔被忽视的重要论文引起其他人的重视，并使孟德尔的学说成为 20 世纪美国著名生物学家摩尔根基因遗传学的重要基础之一。

图 7.4　德弗里斯　　　　图 7.5　科伦斯　　　　图 7.6　邱歇马克

1901 年，上述 3 位孟德尔遗传重新发现者中的德弗里斯在研究月见草的遗传时，发现月见草的植株会偶然出现一些特殊性状，他认为这是由于遗传因子"突变"，即基因突变的结果。他的著作《突变论》两卷于 1901—1903 年先后出版。其中，德弗里斯提出的基因突变理论奠定了基因毒理学的基础，并发展了进化理论。

另一位重新发现者 —— 科伦斯，后来陆续发表了孟德尔与他人在 1866—1873 年之间关于杂交实验的来往信件，从而使人们加深了对孟德尔的豌豆杂交实验和孟德尔遗传规律的进一步认识。科伦斯将孟德尔总结出的两条"遗传定律"分别称为"性状分离定律"和"独立分配定律"。其中，"性状分离定律"是指在配子形成的过程中，决定某种性状的两个因子分离并进入不同的卵子或精子中；"独立分配定律"说的是决定任何一组性状的父本和母本的因子都是独立于其他因子分配的，每一个配子细胞中随机地得到来自父本或母本的因子组合[264]。

另一位重新发现者 —— 邱歇马克由于对达尔文关于植物活力工作的某些方面感兴趣而做了一系列关于来自不同品种的花粉对生长的促进作用，以及豌豆中异粉性胚乳问题的试验。他在分析完结果后，得出了与孟德尔性状分离相同的结果。后来，他读到了孟德尔的论文，震惊地发现：孟德尔已经广泛地进行了这类试验，并解释了性状分离比例。于是邱歇马克很快完成了他的论文，并将论文复本寄给德弗里斯和科伦斯，以表示自己也是重新发现孟德尔定律的参与者[265]。

7.2 沃尔泰拉对生物数学思想发展的影响

意大利数学家沃尔泰拉 (图 7.7) 在幼年时期就显示出了过人的数学天赋：11 岁时便开始学习贝特朗 (Joseph Bertrand，1822—1900) 的《算术》和勒让德 (Adrien-Marie Legendre，1752—1833) 的《几何》，尝试表述了有独创性的问题并试图解决它。从那时起，他对数学的爱好便已明显表露出来。

图 7.7　沃尔泰拉

沃尔泰拉 13 岁时，读了范尔钠 (Verne) 的《从地球到月亮》之后，曾试图解决由地球和月亮构成的引力场中枪弹的弹道问题，这是著名的三体问题的一种限制形式。在他的解法中，时间被分成许多小的间隔，引力场在每一小间隔上被认为是常量，而弹道则是一系列的小抛物弧形，这一思想方法后来被沃尔泰拉应用到很多问题的研究中，如微分方程、泛函分析等。

沃尔泰拉曾在比萨、都灵和罗马担任过力学和数学教授，并于 1905 年被提名为国家参议员。此外，他还担任过许多官职，包括林琴科学院院长，并且建立了一些新的科学机构，如意大利国家研究委员会。1931 年他拒绝宣誓效忠法西斯政权，成为 12 个拒绝宣誓的大学教授之一，也因此在生活中遭到排挤。而这一现象在反犹太人种族法颁布之后最为严重 —— 他被完全驱逐出境。

沃尔泰拉的科学成果包括许多领域的中心问题：数理物理学 (尤其是弹性理论)、分析论 (在这一领域中他被认为是积分方程和积分微分方程理论的创始人之一) 以及数学在生物学领域的应用 [266]。

在 20 世纪早期，只有极少数杰出的数学家相信数学在非物理领域能够得到运用，沃尔泰拉便是其中之一。1900 年，他在罗马大学学术年开幕式上发表的一次著名演讲中，对数学在生物科学和社会科学领域的应用做出了估计。他认为，数学在生物科学和社会科学中的应用应该遵从一种力学的简化方法，即将已经在力学和物理学中取得成功的方法转移应用到新的生物科学领域。正是在此基础上，他对迄今为止取得的结果做出了评价：在沃尔泰拉看来，生物学似乎被统计学和概率论的方法主宰着，而这些方法在沃尔泰拉看来是数学中并不重要和并不严格的分支 [267]。

沃尔泰拉曾经对许多学者在数理经济学的研究中追求机械学的数学化方案的重要性做出过重点陈述，但他在接下来的二十年中并没有直接参与到这类研究中。他从数理经济学研究领域的退出，也许是由于他在与帕雷托 (Pareto) 的通信中发现了其中所产生的困难所致 [268]。

沃尔泰拉在生物数学中的多个领域 (包括从种群动态到动力学等方面) 都有着浓厚的兴趣。与沃尔泰拉同一时代的罗斯 (Ronald Ross，1857—1932) 是一名有着殖民背景的医生，也是一名研究疟疾的专家，他用沃尔泰拉给出的数学形式建立了疟疾的动态模型，这为他赢得了诺贝尔医学奖 [269]。但从历史文献中可以发现，20 世纪 20 年代中期以前，沃尔泰拉在生物数学领域并没有作出什么直接的贡献，由此看出，他当时并没有意识到在那段时间里，已经有人开始探索生物学中所显现出的数学性质，特别是没有注意到美国统计学家洛特卡所做的研究工作。

众所周知，沃尔泰拉后来针对捕鱼业上一个具有较强实证意义的问题，发展了一个生物种群动态数学模型——洛特卡-沃尔泰拉模型。该模型的建立源起于他在意大利海洋学委员会的几次活动 (他是这个委员会的发起人之一，并且还推动了该领域在整个欧洲范围内与其他组织之间的协调工作)。

沃尔泰拉对生物数学中的多个领域有着浓厚的兴趣是他推动数学应用一般性计划的一部分，同时他的兴趣也归因于其与德安科纳在科学领域所展开的讨论中受到的激励。

从与沃尔泰拉有关的书信、手稿和推荐信中，可以清楚地发现沃尔泰拉最初参与到生物数学领域研究中的行为或者说其兴趣的产生直接来自于他与德安科纳关于生物学方面问题的探讨。

德安科纳是意大利科学圈中一名杰出的生物学家，在海洋生物学领域很有造诣，同时他也是沃尔泰拉的女儿路易莎 (Luisa) 的丈夫 [270]。

在 1925 年晚些时候，德安科纳给沃尔泰拉看了其在亚得里亚海中进行的关于鱼类种群的统计研究结果，该结果揭示了一个奇特的现象：通常，在亚得里亚海的许多港口，捕食性鱼类在整个鱼类中所占的比例是基本保持不变的，然而在 1915

7.2 沃尔泰拉对生物数学思想发展的影响

至 1918 年间，这一比例却呈现了一个显著性地增长。这是因为，期间发生在意大利的战争和在亚得里亚海上的军事冲突中断了捕鱼活动。

德安科纳认为捕鱼活动的短暂平静使得捕食性鱼类的数量得以有较大规模地增长，但他却无法找出其内在的原因，于是他请求沃尔泰拉对此做出一个数学上的证明。沃尔泰拉全力投入到了该问题的研究中，并且基于简单的数学模型得出了关于在捕食者与被捕食者之间直接相互作用的描述，这就是此后闻名于世的"洛特卡-沃尔泰拉模型"。1926 年，沃尔泰拉将这个描述捕食生态关系的数学模型发表在《自然》杂志上[271]。通过这个模型他证明了德安科纳的论点，也借此机会发展出一类用来描述其他各种生物种群之间竞争关系影响的更为广泛的模型。沃尔泰拉考虑了生物种群指数增长和有限增长两种情况，并通过引入延迟效应完善了他的处理方法。其中，他运用了其在研究弹性理论时所建立的记忆系统 (或者说"遗传系统") —— 这是他作为一名数学物理家所研究得出的重要理论之一 (其中涉及的微分方程被积分方程所替代)，该数学理论由他和路德维希·玻尔兹曼 (Ludwig Boltzmann)、埃米尔·皮卡德 (Emile Picard) 共同创造。不久之后，这些结果汇集到一起，并发表在一篇论文中，同时，他的另一篇关于上述问题的更为基本的结果的简短摘要发表在《自然》杂志上。著名生物学家达西·温特沃斯·汤普森从沃尔泰拉的一位老朋友物理学家约瑟夫·拉莫尔 (Joseph Larmor) 那里取到该文章，并为之做了简介。

很显然，沃尔泰拉对于描述一系列生物离散模型的兴趣远不如他于 1900 年在罗马大学的一次题为《应用数学于生物和社会科学的尝试》的演讲上建立并陈述过的一个模型大，至少不如他在生物学的一个分支中引入的一套基于数学分析方法的机械化工作设计方法大。实际上，沃尔泰拉将他所有的结论定义为一个"理性的数学与生物之联合"。而如果是在物理学中，这就需要建立在实验性或者说至少是建立在经验实证的基础上。

通过比较分析可知，沃尔泰拉的论文质量远远领先于当时和之后几年其他作者所发表的同类论文，并引起了科学界的广泛兴趣。其影响力不仅局限于其数学家同行中，而且也扩展到了生物学家中。他的观点通过《自然》杂志广泛传播，并引起了科学界对其论文的极大好奇与兴趣，这些生物学家包括了德国人弗雷德里希·博登海默，加拿大裔生物学家汤普森和美国昆虫学家查普曼。此后沃尔泰拉一直和他们保持着密切的通信联系。查普曼在沃尔泰拉的研究中发挥了很大的作用，他给了沃尔泰拉许多关于应用主题的建议，并介绍沃尔泰拉与其合作者约翰·斯坦利以及另一位美国昆虫学家格雷厄姆认识。这使得沃尔泰拉的学术关系网在他的书出版之后得到进一步扩展[272]。

然而，必须指出的是沃尔泰拉进入生物学领域的同时也带来了一些摩擦，这是因为他没有参考当时罗斯关于疟疾的研究成果以及洛特卡的著作，而他们的优秀成果的确都是沃尔泰拉所不了解的。

后来，洛特卡在给《自然》杂志的信中说："在沃尔泰拉之前，我就已经在书中引入了捕食者-被捕食者方程"。这就引起了 (关于洛特卡与沃尔泰拉之间) 谁更早提出此方程，并享有优先权的争论。然而，沃尔泰拉却可以轻易地表明其成果比洛特卡的成果有着更为宏大的目标，并且阐明了一个更为普遍适用的方程系统。洛特卡与沃尔泰拉之间的通信揭示了这两位科学家完全不同的观点。不过，他们之间其实也从没有建立起富有成效的对话 [273]。

沃尔泰拉深信他得出的研究成果会在整个数学界通行。1928 年，他受数学家埃米尔·波莱尔邀请来到巴黎 —— 这个使他感到宾至如归的城市，并到亨利·庞加莱研究所做了一系列关于生物波动数学理论的演讲，使他能够广泛宣传他自己的研究成果。他的一系列演讲在 1928—1929 年期间进行。

在此期间，收集和编辑文本的任务交给了一个年轻的数学家布莱特 (Marcel Brelot, 1903—1987)，一位巴黎高等师范学院的学生。这也就促使人们产生了一个新的愿望：将布莱特所收集的演讲稿汇编成一本书，并将其归在由数学家加斯顿·茱莉亚管理，由巴黎戈捷维拉尔出版的《科技论文》系列丛书中。

1929 年 2 月，沃尔泰拉写信给德安科纳，告知他自己决定要出版一本书，并且征求他可能起的 3 个书名 (为生命而奋斗的数学理论、为生命而奋斗的数学原理、为生命而奋斗的生物数学原理) 中选择哪一个最合适。德安科纳选择了第二个 (为生命而奋斗的数学原理)，沃尔泰拉也同意这个选择；德安科纳在帮助沃尔泰拉选择书名时，首先坚决地放弃了第三个题目的理由是：他觉得沃尔泰拉的研究只涵盖了生物学的一部分，事实上只是生物学中关于生态学的一部分。然而，这却显示了沃尔泰拉企图打开通往广泛生物数学化之路的雄心。

将沃尔泰拉的演讲稿汇编成一本书的任务由布莱特负责。正如之前提到的，布莱特曾是巴黎高等师范学院的学生，在巴黎高等师范学院里，他拥有许多后来成为数学家的同学，如安德烈·韦依，让·迪厄多内，克劳德·夏瓦雷和亨利·嘉当，他们都是布尔巴基学派的创始人。尽管布莱特从来没有想过要成为布尔巴基学派的一员，但他在其后作为数学家的生涯中却一直对布尔巴基学派的公理系统表现出巨大的热情，以至于人们觉得他比布尔巴基学派的成员更像布尔巴基成员。

1931 年，布莱特在沃尔泰拉的好友皮卡德的指导下开始撰写博士论文。沃尔泰拉在皮卡德和维西尔特的支持下，帮助布莱特获得了洛克菲勒奖学金。布莱特在沃尔泰拉 (罗马大学) 和爱尔哈德·施米特 (柏林大学) 的指导下使用这笔奖学金。自然，布莱特用在罗马的那段时间来将沃尔泰拉的演讲稿汇编成书。虽然他不喜欢意大利首都的气候和生活，并且时常往返于巴黎与他的原住地，但他仍然能够坚持经常写信给沃尔泰拉交流编书的情况。

7.2 沃尔泰拉对生物数学思想发展的影响

按照沃尔泰拉的意图，布莱特精确地编写好了沃尔泰拉的演讲内容，并又重新详尽地阐述了其中部分数学方面的所有细节，尤其是在证明部分，加入了许多有助于读者理解其中技巧性部分的附录。

沃尔泰拉拥有一个比数学家更为广泛的读者群，特别是他拥有广泛的生物学家读者群。从很早的阶段开始，他就与生物学家德安科纳有着密切的联系，在他们刚刚完成编写工作的时候，他就把该书各个部分的初稿交给了德安科纳，并且经常询问德安科纳对初稿中所使用的术语及生物学内容有何意见，包括对参考书目的选择，并让德安科纳写了一些历史上关于参考书目的注解。沃尔泰拉期望通过这种方式将这本书重新汇总起来，以便达到两个要求：拥有完整和精确的数学处理过程，从而呈现出生物数学研究发展的参考点和出发点；与此同时，涉及丰富的生物学问题以便吸引生物学家，并尽可能多地激发起他们的兴趣。

事实证明，要同时满足这两个要求的艰巨任务比预想中的要困难得多，尤其是来自这本书的两位合作者：布莱特与沃尔泰拉所持有的不同观点——布莱特的想法与沃尔泰拉的想法相差甚远。正如布莱特在 1929 年 9 月到 1930 年 10 月写作此书期间给沃尔泰拉的一封信上所写的那样，布莱特的脑海中实际上构想的是要写一本这样的书：基于一些简单的生物学理论基础，而将重心集中在"理性研究、计算和数学理论"上。

从布莱特的这一观点出发，很容易发现布莱特和沃尔泰拉对待"生物假设"在生物数学理论发展中所起作用的态度上有着明显地差异。

在沃尔泰拉看来，数学化的过程应该存在于用数学术语将被认为正确的生物假设进行公式化中，然后借助数学分析的工具尽可能按照这一过程去进行定量分析和研究，最后通过与最初假设所得到的结果比较，证明是否存在因假设本身存在的不切生物学问题实际的因素而导致的令人不满意的地方。而另一方，布莱特却赞成在此过程中引入"生物学假设"来促进数学的处理过程，或者能够使获得完整一致的局部结果成为可能。布莱特在处理由三个物种构成的生态系统的案例中运用了他自己的这一想法，在其描述的生态系统中，一个物种捕食另一个食草物种。

沃尔泰拉对此却表示强烈地反对，并要求他调整处理方法。沃尔泰拉认为："不用假设只用数学方法也可以取得很大的成就"，他还坚持说，应该区分数学部分和生物部分的不同要求 [274]。

之后，沃尔泰拉曾在 1929 年 9 月的一封信中明确表达了他的不满，并要求布莱特重新考虑他的方法。他甚至说："'假设'是撒旦为了让人类变得懒惰而创造出来的"。究其具体情况，而且从数学的角度去看，布莱特都应该遵从沃尔泰拉的处理方法。可是布莱特却显示出了他对沃尔泰拉所提要求在某种程度上的排斥，并声称：无论沃尔泰拉对此感到多么愤怒，"假设"仍然是保证精确性的唯一办法。也就是说，这些"假设"是经过精确定义的，甚至借用沃尔泰拉的话说"他对近似过程感到厌恶"。

这场争论最终以一个无任何记录的口头协议而告终，但是通过最后的结果可以判断：双方很可能已经达成妥协。尽管布莱特仍然固执己见，但是他也试图限制"假设"的使用。奇怪的是，在其后的一封信中，他写道："一位有见解的读者会对被迫远离数学推理这片安全的领地（使用"假设"）而感到愤慨""但是他只能怪罪于这个问题邪恶的本性"。换言之，对于处理方法中不令人满意的一种责备并不如生物学事实本身那么内在。

相对来说，布莱特对建立在生物学理论之上的经验主义并不那么敏感，这也解释了他为什么后来不愿意接受生物学家德安科纳教授的帮助。他认为，德安科纳教授的介入是多余的，甚至是不可理喻的。可以看出，他对于将德安科纳教授所写的关于生物学的历史性注解纳入书中的做法感到厌恶的情绪并不是一种巧合。

而在沃尔泰拉看来，生物学历史性注解是此书必不可少的部分。布莱特最后还是同意了德安科纳教授的介入，并认为"与一位自然科学教授的合作并没有任何害处"，但是他仍然坚持将生物学历史性注解放到此书的最后，并单独列在注释之中。

表 7.2 是此书《生存竞争中的数学原理》中各章节和各部分的摘要。

表 7.2 概述了沃尔泰拉著作的内容。它由四章组成：第一章用来叙述两个物种之间的共存问题；第二章用来说明任意数量物种之间的共存问题，这一问题在第三章中得到总结，尤其是在保存和耗散系统中间做了一个区分；第四章介绍了生物学中的遗传行为和相关微分、积分方程技巧。

该书开头的介绍部分充分反映了沃尔泰拉的观点，最后以德安科纳提供的历史性参考注释作为该书结论后的结束部分。书中还有许多布莱特所撰写的数学注释，它们主要是关于线性代数、二次型和沃尔泰拉积分及微分方程方面的内容。

通过上述关于该书的最终结构编排过程，可以清楚地了解到：这本书会使其作者或者编辑以及数学家或生物学家都满意。

这本书可以为沃尔泰拉所作成果的研究提供一个综合性和完整性的论述。该书的不足之处来自于两位合作者在面对意见分歧中所作的让步——尽管沃尔泰拉企图去限制它，但是布莱特在此书终稿中的摘要部分和写作过程中，关于数学趋向的表现方法上，还是留下了明显的痕迹。另外，此书过分偏向于面对数学家，并且因其过多地使用数学专业术语可能会吓跑很多生物学家。更进一步地说，布莱特的数学背景显示出了他在微分方程数量分析领域中的巨大差距，加之他并没有使用当时发展出来的新成果，导致他在处理方法上显得非常陈旧。

7.2 沃尔泰拉对生物数学思想发展的影响

表 7.2 该书各章节和各部分的摘要

章节 — 部分: 页码	说明
v—vi:1	前言
I	两物种的共存
I–I:9	两物种竞争同一食物
I–II:14	两物种一方捕食另一方
I–III:27	两物种在不同相互作用下的情形
II	任意数量的物种共存的初步研究
II–I:36	多物种竞争同一食物
II–II:38	若干物种相互捕食的初步研究
II–III:42	偶数个物种相互捕食的情形
II–IV:58	奇数个物种相互捕食的情形
68	数学注解
III	更普遍的假设情形下,n 个物种共存的研究;保存和耗散系统
III–I:77	独居物种的协同生长系数取决于组成它的个体数
III–II:96	更为普遍的理论
III–III:104	保存和耗散联盟
III–IV:131	外部环境变化假说的引入
135	数学注解
IV	遗传行为在生物学和力学之间的比较
IV–I:141	数学转化继承的观点
IV–II:159	在不可变线性遗传假设下的一个捕食性物种和一个被捕食性物种共存的研究
IV–III:169	单参数下生物学 (较小波动的先例) 和力学中的遗传能量
188	数学注解
197	结论,历史性注解,参考书目
211–214	内容目录

沃尔泰拉曾直接表达了对于此书的不满 (尤其是对于它缺少对生物学家的吸引力方面),而且他在与德安科纳的通信中,也充分表达了这一感受。在写给德安科纳的信中,他曾指责布莱特导致了这些缺陷的产生。这也促使他要写一本主要面对大众学者的新书的想法。新书中将去除过于复杂的数学技巧。新书于 1935 年出版,其中凝聚了沃尔泰拉和德安科纳的大量心血。

在沃尔泰拉的观念中,他于 1931 年出版的第一本生物数学专著《生存竞争中的数学原理》是一部系统记述数学向生物学渗透的著作,它的问世,促进了数学向生物科学的渗透,尤其是促进了种群数学理论的发展,代表了生物学领域研究的理性阶段 (与理性力学在数学物理学中的地位一样);然而他在 1935 年与德安科纳合著出版的这本新书则代表着应用阶段的发展 [275]。

1937 年是沃尔泰拉关于生物数学发展的第三个阶段。他继续发展生物数学至分析阶段。这一阶段与分析力学相仿,被称作依据变化的生物学领域之数学理论的公式化阶段。

沃尔泰拉的书后来产生了巨大的轰动效应，也给他带来了更广泛的科学关系网，特别是在生物学领域。他在其新书中对于相关成果有组织地叙述引起了人们的好奇，也激起了许多学者将理论和现实经验进行比较的想法。并且，该书为他后来关于该课题研究的出版物定了一个方向。可以这样说：尽管在第一阶段对于沃尔泰拉作品的兴趣只在盎格鲁撒克逊学者中传播，但随后就逐渐在欧洲大陆范围内广泛流行。尽管埃尔顿、查普曼和达西尽其所能促使该书用英语出版的做法并不成功，但在该书出版之后，沃尔泰拉还是和杰出的美国生物学家雷德蒙·佩尔、英国生物学家查尔斯·埃尔顿(现代生态学的奠基人之一)建立了密切的关系。实际上，沃尔泰拉的关系网中心已经逐渐从盎格鲁撒克逊科学界转移到法语区和苏联地区。他的研究在苏联的数学家中间产生了强烈反响，如将沃尔泰拉方程一般化以适用于竞争物种情形的柯尔莫哥洛夫。另外，苏联的生物学家乔吉·高斯对沃尔泰拉的理论也表现出了浓厚的兴趣，并参与到一项从经验的角度证明这些理论的活动中。

然而，在巴黎，沃尔泰拉找到了此后合作一生的两位很有见解的伙伴：在外流亡的苏联地球化学家康斯坦丁和药物学教授莱格尼尔。康斯坦丁曾是莫斯科学校的一员，也是为积分方程理论作出过杰出贡献的一位专家，而且是数学领域的专家。莱格尼尔为了进行关于细菌种群生长的实证研究，提供了他的实验室，而康斯坦丁则负责理论方面的工作。然而，支持简化论的这 3 个人在使用哪个主要模型的问题上产生了分歧。这场争论导致他们彼此分离，直到他们去世，并最终结束了为期 20 年的著名 "理论生态学的黄金年代"。

相对于同一时代的生物数学论著，沃尔泰拉于 1931 年出版的著作《生存竞争中的数学原理》(总的来说该书介绍了他在生物数学方面的成果) 成为了被引用次数最多的参考书目之一。事实上，后来的大多数生态系统模型只是对该书中所阐释的方程系统进行了重新诠释和改进。然而，许多学者对该书的使用大多都相对肤浅[276]，书中大部分有关力学的科学方案都被他们遗忘或者抛弃了。

1936 年，沃尔泰拉还注意到生物数学中所建立的方程与动力方程之间的相似性，并发现：对应于动力学中的能量守恒原理，还有一个关于人口统计的能量守恒原理。

总之，沃尔泰拉对生物数学的贡献力量之大是很难在有限的篇幅内叙述清楚的[277]。

7.3 高尔顿对生物数学思想发展的影响

高尔顿 (图 7.8) 是著名的生物统计学家，优生学的创始人。在 1888 年的论文中定义了相关系数：有两个随机变量 (X, Y)，其中一个变量 X 的变化，或多或少会随着另一个变量 Y 的变化而变化。当它们沿着相同方向变化时，X 与 Y 这两个

7.3 高尔顿对生物数学思想发展的影响

变量就被定义为"它们是相关的";但是 X 与 Y 两者间如果没有任何共同因素联系起来的话,它们就不可能相关 [278]。在高尔顿关于相关系数的定义中,他利用统计学的方法,首先把资料点画出来,然后再去画出与这些点最适合的直线,最后再计算这条直线的斜率。高尔顿的定义显示了相关系数的特性: X 与 Y 的关系越紧密,相关系数就越靠近 1;若相关系数为正,则表示其中一个变量增加的时候,另一个变量会跟着增加,它们正相关;当相关系数为负的时候,其中一个变量的增加反而会导致另一个变量的减少,它们为负相关。例如,经过性状编码以后获得的原始生物数据可以看作一个 t 行 n 列的矩阵

$$\begin{bmatrix} y_{11} & y_{12} & \cdots & y_{1n} \\ y_{21} & y_{22} & \cdots & y_{2n} \\ \vdots & \vdots & & \vdots \\ y_{t1} & y_{t2} & \cdots & y_{tn} \end{bmatrix}$$

矩阵中的行向量 $[y_{i1}, y_{i2}, \cdots, y_{in}](i = 1, 2, \cdots, t)$ 称为第 i 个分类单位向量 (vector of operational taxonomic unit);列向量 $[y_{1j}, y_{2j}, \cdots, y_{tj}](j = 1, 2, \cdots, n)$ 称为第 j 个性状向量 (vector of charater)。

图 7.8 高尔顿

上述矩阵经过标准化变换之后获得已标准化原始数值矩阵

$$\begin{bmatrix} x_{11} & x_{12} & \cdots & x_{1n} \\ x_{21} & x_{22} & \cdots & x_{2n} \\ \vdots & \vdots & & \vdots \\ x_{t1} & x_{t2} & \cdots & x_{tn} \end{bmatrix}$$

该矩阵仍然与原始数值矩阵一样，t 行代表分类单位，n 列代表性状。矩阵在标准化过程中排除了不具有分类意义的数量关系，因而能正确地反映分类单位之间的相亲性。以后的分类运算分析将在这个矩阵上进行。这样，两个分类单位 i 与 j 之间的相关系数可定义如下：

$$r_{ij} = \frac{\sum_{k=1}^{n}(x_{ik} - \bar{x}_i)(x_{jk} - \bar{x}_j)}{\left[\left(\sum_{k=1}^{n}(x_{ik} - \bar{x}_i)^2\right)\left(\sum_{k=1}^{n}(x_{j\,k} - \bar{x}_j)^2\right)\right]^{\frac{1}{2}}}$$

其中 $\bar{x}_i = \frac{1}{n}\sum_{k=1}^{n} x_{ik}, \bar{x}_j = \frac{1}{n}\sum_{k=1}^{n} x_{j\,k}$。

1889 年，高尔顿在其著作《自然的遗传》中提出了相关性概念，构造了回归分析方法，明确给出了"生物统计学"这个名词以及中位数、分位数等概念 [279]：

设 X 为随机变量，同时满足 $P\{X \leqslant x\} \geqslant \frac{1}{2}$ 及 $P\{X \geqslant x\} \geqslant \frac{1}{2}$ 的实数 x 被称为 X 的中位数。

对于任何随机变量，中位数都是存在的，它反映了随机变量的取值中心，并在理论和应用上都有较大意义。另外，在有些情况下，中位数可能不唯一。

将中位数的概念进一步推广，就可以得到分位数的概念：

给定 $\alpha(0 < \alpha < 1)$，随机变量 X 的上 α 分位数是指同时满足下列两个条件的数 x_α：

$$P\{X \leqslant x_\alpha\} = 1 - \alpha, \quad P\{X \geqslant x_\alpha\} = \alpha$$

相应地，$x_{1-\alpha}$ 被称为 X 的下 α 分位数。

另外，高尔顿还设计了著名的钉板试验：如图 7.9 所示，在一木板上钉有 n 排钉子，这里 $n = 5$。图 7.9 中 15 个圆点表示 15 颗钉子，在钉子的下方有 $n+1$ 个格子，分别编号为 $0, 1, 2, \cdots, n$。从木板的上方反复扔进一个小球任其自由下落，在下落的过程中，当小球碰到钉子时会发现，在大量"重复试验"的过程中，小球从左边落下与从右边落下的概率基本上一样。同样，小球再往下落时，碰到下一排的钉子时也是从左边落下与从右边落下的概率基本上一样，直到小球最后落入底板中的某一个格子中。

图 7.9 中，高尔顿用一条折线显示了小球下落的一条轨迹。虽然向高尔顿钉板扔进一个小球时不能预测小球可能将首先落到哪一个格子中，但是经过大量重复性地扔进小球，统计下落过程的轨迹，就会发现"小球往下落时，碰到下一排的钉子时，它从左边落下与从右边落下的概率一样"的规律。

7.3 高尔顿对生物数学思想发展的影响

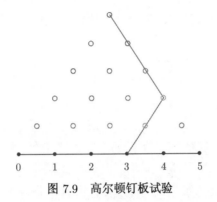

图 7.9 高尔顿钉板试验

1893 年，高尔顿的学生韦尔登 (图 7.10) 提出 "所谓变异，遗传与天择事实上只是 '算术'" 的想法促使高尔顿于 1893 至 1912 年间，写出了 18 篇关于 "在演化论上的数学贡献" 的文章，而其中的 "算术" 后来被称为 "统计"。

图 7.10 韦尔登

1902 年，高尔顿、卡尔·皮尔逊、韦尔登为了推广数理统计在生物学上的应用而创办了《生物统计学》杂志。后来高尔顿的生物统计学思想经过他的学生卡尔·皮尔逊、韦尔登的参与和进一步发展，使颇有影响的生物数学的第一个分支——生物统计学在英国首先形成。

同年，英国统计学家犹勒 (George Udny Yule, 1871—1951) 将高尔顿建立的遗传律进行修改后作为基础，对两个方程：$p_{n+1} = 1/2p_n + 1/4i_n$ 与 $i_{n+1} = 1/2p_n + 1/2i_n = 1/2T_n$ (T_n 为第 n 代中的显性总数，p_n 为纯种，i_n 为非纯种或杂合种) 进行了计算与推理后得出结论：孟德尔遗传定律和生物统计学派所测量的连续变异并不是不相容的，连续变异可能是由于多个遗传因子共同作用引起的，孟德尔定律为其特例[280]。另外，犹勒在 1906 年的第三届国际遗传学大会上，通过其报告 *On the Theory of Inheritance of Quantitative Compound Characters on the Basis of Mendel's*

Laws—A Preliminary Note 提出了微效多基因理论 (参见 "第三届国际遗传学大会论文集" 第 140—142 页)。

高尔顿的学生卡尔·皮尔逊自 1914 年开始整理高尔顿的学术遗物,并出版了 3 卷本的《高尔顿的生平、书信和工作》,这还不包括高尔顿本人已经出版的 15 本专著,以及其已经发表的 220 篇论文。

高尔顿无论是在进行人类学测量、医学、优生学、遗传学、心理学研究方面,还是在进行遗传优生学的研究中,都借助数学进行了大量的计算和统计分析工作。借用他自己最得意的话说,就是"无论何时,能算就算"。

总之,我们可以说高尔顿是一位多才多艺并且十分博学的人,他在生物数学中的两大分支——生物统计学和数量遗传学中所做的奠基性的工作确立了他在生物数学形成过程中的崇高地位。

7.4 费希尔对生物数学思想发展的影响

英国生物统计学家费希尔 (图 7.11)1912 年毕业于剑桥大学数学系,后来他担任过中学数学教师,1918 年任罗坦斯泰德农业试验站统计试验室主任时,创立了随机化实验设计和方差分析的理论和方法,奠定了干预试验的统计学基础。

图 7.11 费希尔

1933 年,由于费希尔在生物统计和遗传学研究方面成绩卓著而被聘为伦敦大学优生学教授。

1943 年,费希尔任剑桥大学遗传学教授,直至 1957 年退休。

费希尔在进化遗传学上是一个极端的选择论者 [281],他认为中立性状很难存在 [282]。

7.4 费希尔对生物数学思想发展的影响

1959 年，费希尔去了澳大利亚，在联邦科学和工业研究组织的数学统计部做研究工作[283]。

费希尔的主要贡献有：

(1) 费希尔用亲属间的相关性说明了连续变异的性状可以用孟德尔定律来解释，从而解决了遗传学中孟德尔学派和生物统计学派在遗传学中不同方法上的论争[284]。

(2) 1915 年，费希尔在《生物统计学》上发表论文《无限总体样本相关系数值的频率分布》，引进了 "解消假设" 和 "显著性检验" 的概念，并开创和发展了试验设计法，阐明了极大似然估计法以及重复性和统计控制的理论，指出自由度作为检查卡尔·皮尔逊制定的统计表格的重要性。该论文被称为生物统计学中关于现代推断方法的第一篇论文。

(3) 费希尔于 1918 年在《孟德尔遗传试验设计间的相对关系》一文中首创 "方差" 和 "方差分析" 这两个概念。他凭借随机化的手段，成功地把概率模型带进了实验领域，并建立和论证了方差分析的原理，使其作为分析概率模型的一个重要方法。

有关方差分析的详细研究记载于费希尔在 1923 年发表的论文《对收获量变化的研究》中，以及他于 1925 年出版的专著《供研究人员用的统计方法》中 (该书对方差分析以及协方差分析又进一步作了完整的叙述)[285]。

《供研究人员用的统计方法》后来还被翻译成各种语言并再版了 14 次。该书中，他提出了重要的试验设计方法，将一切科学试验从某一个侧面 "科学化"，节省了大量的人力和物力，提高了若干倍效率。

费希尔的试验设计是一股巨大的推动力量，把一种数学游戏变成了节约人力、物力的具有重大价值的科学方法，并在罗坦斯泰德农业试验站得到了检验与应用。

(4) 1921 年，费希尔发表的论文《关于理论统计学的数学基础》提出了一个重要的概念 "假设无限总体"，阐明了各种相关系数的抽样分布，并且进行了显著性测验研究。另外，他还导出了相关系数 r 的 Z-分布，并编制了《Z 曲线末端面积为 0.05, 0.01 和 0.001 的 Z 数值分布表》。他因此被称为假设检验理论的先驱。

(5) 费希尔列举了一致性、有效性和充分性，作为参数的估计量应具备的性质；利用 n 维几何方法 (多重积分法) 给出了 t-分布方法的完整证明；对估计的精度与样本所具有的信息之间的关系进行了考虑，得到了信息量的概念；另外，他对小样本统计方法也做出了较大贡献[286]。

(6) 费希尔给出了误差分布和互相独立性的假设，使其在农业试验数学分析中能用正交变换来保持线性和二次型之间的独立性，这样就可合理地利用 t-检验和 F-检验[287]。

(7) 1938 年，费希尔与叶特思合著出版了《供生物、农业与医学研究用的统计表》[288]。费希尔在创建试验设计理论的过程中，提出了十分重要的"随机化"原则，以保证总体中每一元素有同等被抽取的机会。他认为这是保证取得无偏估计的有效措施，也是进行可靠的显著性检验的必要基础。所以，他把随机化原则放在极其重要的地位，"要扫除可能扰乱资料的无数原因，除了随机化方法外，别无他法"。这样，费希尔就把随机化原则以最明确、最具体化的形式引入到统计工作与统计研究中[289]。

费希尔一生在生物统计学中的功绩是十分突出的，其论著颇多，共写了 329 篇论文，其中的 294 篇代表作被收集在《费希尔论文集》中[290]。这位多产作家的研究成果极大地促进了生物统计学的发展。

7.5 拉谢甫斯基对生物数学思想发展的影响

被称为"生物数学之父"的美国生物数学家拉谢甫斯基 (图 7.12) 为喜爱生物数学的学者创造了一个良好的平台：他于 1939 年创刊《数学生物物理学通报》；为了明确《数学生物物理学通报》的未来发展方向，于 1972 年将该杂志更名为《数学生物学通报》，这使生物数学爱好者有了一个通过发表生物数学论文进行交流的平台；他建立了生物数学委员会，并于 1947 年在芝加哥大学建立了全世界第一个授予学生生物数学方向博士学位的学科点。

图 7.12　拉谢甫斯基

通过对相关文献进行研读与分析，从历史的角度回顾这位生物数学家 —— 拉谢甫斯基将数学应用于生物科学的工作，很容易发现：他为了描述，并捍卫他所预见到的一个新的重要领域 ——"生物数学"而提出了一些观点。对拉斯拉谢甫斯基的论著按照时间顺序进行彻查后，从数学的视角可将其成长过程依次分为以下三个不同阶段：

(1) 第一阶段 (1930—1945)：将数学物理方法引进生物学。

7.5 拉谢甫斯基对生物数学思想发展的影响

虽然生物个体、分子数是离散的,但是它们的浓度变化却可以看成近似连续的。在这一阶段,他将数学物理方法分别应用于变形虫运动、中枢神经系统、人与人之间的关系、癌症、染色体、生物群体结构、听觉的互动、生命的起源、蛇、四足动物、鸟类、昆虫、血液循环、心理现象和 DNA 分子等广泛领域。

拉谢甫斯基在 20 世纪 30 年代初期发表了几篇论文,借助数学对细胞分裂中的神经传导进行理论分析。例如,他于 1933 年发表的《关于兴奋和抑制的数学物理理论概述》[291] 论文中,提出了基于扩散物质和电化学梯度的概念,并给出了关于神经兴奋与抑制的详细理论。在这篇论文中,他建立了人工神经网络的概念,并创建了第一个神经元模型,对应于下面这对线性微分方程 [292]:

$$\begin{cases} \dfrac{\mathrm{d}e}{\mathrm{d}t} = KI - k(e - e_0) \\ \dfrac{\mathrm{d}i}{\mathrm{d}t} = MI - m(i - i_0) \end{cases}$$

其中 K, M, k 与 m 为常数,I 为电流,e 为神经兴奋浓度,i 为抑制浓度。

在上述线性微分方程组中,如果 e/i 大于一个给定的常数 h,则神经兴奋状态将发生。拉谢甫斯基又令 $h = 1$,并取初始值 e_0 和 $i_0(e_0 < i_0)$。在最简单的情形下,他推导出:因电流变化而导致的 e 和 i 在阴极上的浓度变化率与电流 I 成正比。

拉谢甫斯基首先承认上述线性微分方程的解均为 "一阶近似",然后建立了一个可以用来描述电流强度、持续时间以及 e 和 i 浓度变化之间关系的方程:

$$kt = \log \dfrac{KI}{KI - k(i_0 - e_0)}$$

其中 t 是外加电流,它在给出 e 和 i 的初始浓度时,会引起神经兴奋。然后,他对上述模型进行近似运算,比如,令 t, k 的取值 "非常小"[293],导出满足要求的近似公式。

后来,人们发现,上述模型在某种意义上是不完善的,它们只能描述系统达到阈值时的情形 [294]。

1935 年,为了描述某些因素引起的短暂状态,拉谢甫斯基给出了 "抽象结构" 中的一个最简单例子 [295]:

$$\begin{aligned}\dfrac{\mathrm{d}a(F,I,w,t)}{\mathrm{d}t} = -A\bigg[&a(F,I,w,t) - aw - \beta\int_0^\infty (N(F',I',w')/F' - F/w')\mathrm{d}F'\mathrm{d}I'\mathrm{d}w' \\ &- \gamma I\int_0^\infty N(F',I',w')F'a'(F',I',w')\mathrm{d}F'\mathrm{d}I'\mathrm{d}w'\bigg]\end{aligned}$$

1938 年,他出版了关于生物数学和数学生物物理学的首部专著《数学生物物理学》[296]。这本书将数学与生物物理学联系到了一起。

1940 年，他又出版了《生物数学应用进展》[297]，将其理论用数学语言进行描述。拉谢甫斯基在此书中，将部分生物数学模型进行了简化，使它们能够预测出发展趋势的近似值，而非精确值 [298]。同年，拉谢甫斯基还研究了一个由细胞聚集而成的空心球壳。在整个球壳上，其物理常数和代谢率的分布是不均匀的 [299]，两个相应的方程可简化为

$$c_1 = c_0 + \frac{\delta^2 q_1}{D_1}; \quad c_2 = c_0 + \frac{\delta^2 q_2}{D_2}$$

1943 年，拉谢甫斯基试图建立包括动物和植物等生物形态的数学理论。他先设定了存在一个分布函数 $n(l)$，使得 $\int_0^\infty n(l)\mathrm{d}l = n$，接着通过一些极值条件来确定 $n(l)$。他的理想目标是得到 "欧姆定律"[300]。他纯粹是出于生理学方面的原因，通过设定长度为 l 上的研究对象数量 N_l，得到能量转换在总体上通常是一个关于其长度 l 的函数 $f(l)$。这样一来，能量流就是一个关于 N_l 的函数 $U(N_l)$，则总能量流就是 $\sum_{l=0}^{\infty} N_l[f(l) + U(N_l)]$。于是由微积分理论可知，$\sum_{l=0}^{\infty} N_l[f(l) + U(N_l)]$ 取得最大值的条件是 $f(l) + U(N_l) + N_l\dfrac{\mathrm{d}U}{\mathrm{d}N_l} = 0$。

上述推导过程可能与 "最大简单原理" 的内在形式一样，使他克服了不切实际的计算，不必考虑是否如数学建构那样能够继续下去 (即原子的代谢延续)[301]。

(2) 第二阶段 (1945—1954)：将生物学现象及其问题抽象为数学问题，并建立相应函数进行处理。

1947 年，拉谢甫斯基出版了一本名为《人际关系的数学理论》专著 [302]。在该专著中，他将人际关系抽象为数学问题进行讨论。

1948 年，拉谢甫斯基的《数学生物物理学》出了第二版。他在新版本中增添了 20 多个新章节，扩充了他认为有用的方法以及一些相关实验的应用实例 [303]。该书的主要思想是：首先确定一些重要的变量，求出它们的大小，接着假设所有的未知因素都保持不变，并假定个体行为之间存在相互关系，允许某些变量 (如时间) 可以不同，这样就可以得到相对应分布的数学表达式，最后用代数和微分方程等来求解。

1949 年，拉谢甫斯基考察了由若干个个体组成的社会群体，每一位个体都可以参与两个互不干扰的活动 R_1 与 R_2。他发现：R_1 与 R_2 在总强度上的差异，使得它们在受到刺激后，y 值会相应增加，即有积分

$$\int_{-\infty}^{+\infty} [\bar{R}_1(\phi+\psi)x(\phi+\psi) - \bar{R}_2(\phi+\psi)y(\phi+\psi)]\mathrm{d}\psi$$

7.5 拉谢甫斯基对生物数学思想发展的影响

为关于 ψ 的函数。

1954 年，拉谢甫斯基开始了一个新的研究方向，这突出反映在其开创性论文《拓扑与生命：在生物学和社会学中寻找一般数学原理》[304] 中。在这篇著名的论文中，他首次将拓扑方法应用于生物数学中，创造了拓扑生物学方法，并通过下面这个有向图来表示所涉及的每一个函数或生物学顶点 (图 7.13)。

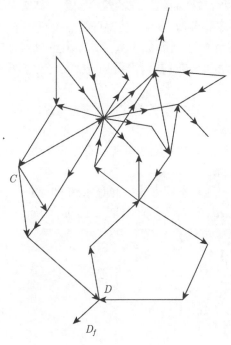

图 7.13 有向图

其中，C 点表示生物与食物的接触点，代表其消化性能；D_f 代表排便[305]。同年，拉谢甫斯基将相对出生率 v 当作年龄分布的函数

$$N_1(\tau, t) = \int_{-\infty}^{+\infty} N(\phi, \tau, t) \mathrm{d}\phi,$$

使相应的生物数学模型更接近于实际情况[306]。

虽然拉谢甫斯基开拓生物数学的勇气可嘉，但在当时，他的数学论证过程并不简洁。之所以这么说，这是由于中国的数学家徐利治教授于 1955 年发表了一篇论文《评 N. Rashevsky 的一篇著作》[307]，指出了拉谢甫斯基的数学似乎并不高明：''作者的整个论文[308]是用来证明一个简单而熟知的组合问题的解答公式；作者显然忽视了他所论证的公式，不过是 G. Chrystal《代数学》下卷 (1900 年出版) 上的一个例题而已''。而 G. Chrystal 的《代数学》是当时很流行的一本大学数学教材，也是自学成才的中国大数学家华罗庚先生的一本重要启蒙书。

在论文《评 N. Rashevsky 的一篇著作》中，徐利治教授只用 10 来行的论证就取代了拉谢甫斯基原先长达 5 页的篇幅，并指出：拉谢甫斯基的证明中某些部分是多余的。

不过应当指出，拉谢甫斯基在生物数学领域确实提出了一些有趣的问题，比如上面提到的那个被徐利治教授简化论证的组合问题，其实是组合数学中的一个经典问题：将 n 个相异的事物分成 m 组，使得每组至少有一个，问共有多少种分法？

很多时候提出问题比解决问题更为重要，提出解决问题的途径比获得正确的答案更为重要。从这个角度来讲，拉谢甫斯基确实是一位非常值得年轻学者学习的榜样。

(3) 第三阶段 (1954 − 1972)：挖掘生物数学中的数学思想及其内在相关性。

1958 年，拉谢甫斯基给出了一个较为精确，并且更具一般性的生物拓扑映射原理。他告诉我们，许多已知的生物学事实都符合该生物拓扑映射原理，由此也可以预知一些生物学中的某些新现象。

另外，他在研究 "细胞对不同形式的光是敏感的" 这一性质中，将细胞 c 和光 l 之间的敏感关系用 "cRl" 来表示。而对于 y 的集合中，凡是满足关系 xRy 的 y 被记成 $R(x)$，他令

$$R(X) = \mathop{Y}_{x \in X} R(x), \quad R[X] = \mathop{I}_{x \in X} R(x)$$

则可得以下结论：

$$X_1 \subset X_2 \Rightarrow R(X_1) \subset R(X_2), \quad X_1 \subset X_2 \Rightarrow R[X_2] \subset R[X_1]$$

其中，$R(c)$ 为一个给定细胞所敏感的所有形式的光的集合 [309]。

同一年，他还研究了两个个体的自由度，并得到了以下两种自由度：

$$F_1 = \frac{1}{1 + S'^2_1(x'_1)}, \quad F_2 = \frac{1}{1 + \frac{p_1^2}{p_2^2} S'^2_1(x'_1)}$$

其中，$S_1(x)$ 为关于 x_1 与 p_1 的满意度函数，p_2 为两个个体的 "个性因素"——代表纯体力，也可以表示没有使用暴力的说服力。因为当 $p_1 > p_2$ 时，有 $F_1 > F_2$；当 $p_1 < p_2$ 时，有 $F_1 < F_2$，所以，身体更强壮者或更具说服力的个体在这种情况下就具有一个更大的自由度 [310]。

1967 年，拉谢甫斯基添加模仿项 $C(2z − N)$ 到利己行为的情形中，得到以下重要结果：

$$A_i(N - z) - B_i z + C_i z(N - z)(2z - N), \quad i = 1, 2, \cdots, N$$

7.5 拉谢甫斯基对生物数学思想发展的影响

其中，A_i 与 B_i 分别为 A 与 B 中的第 i 个个体 [311]。

1968 年，拉谢甫斯基指出：一类基因之间的相互作用关系类似于神经元之间的相互作用关系，并用生物数学思想分析了它们之间的内在相关性 [312]。

迄今为止，拉谢甫斯基所发表的很多论著仍然被广泛引用，他所建立的生物数学模型及其思想方法，不仅直接推动了生物数学这门交叉学科的形成与发展，而且对生物学其他领域的发展也产生了重要影响。

通过对拉谢甫斯基的生物数学思想演变过程中的三个不同阶段进行梳理，可以看出：拉谢甫斯基是一位将定量模型和数学方法引入生物学的重要开创者。虽然他在应用恰当的数学于生物学过程中，其思想历程经常在上述三个阶段之间切换，但他那种敢于向复杂生物数学模型挑战的精神以及视生命现象为一个有机整体进行研究，并进而抽象出一般性理论的思想却是恒定不变的。这显示出，随着这位生物数学家对生物学认识得不断深化以及将更多的数学方法应用到生物学中，相应的数学模型也逐渐完善，从而能更好地解释生物学现象和解决相应问题。

第8章 生物数学思想的社会化及发展方向展望

8.1 生物数学思想的社会化

生物数学思想的社会化，是生物数学形成过程中的重要标志。生物数学思想的社会化过程大致开始于 20 世纪初，而在 20 世纪后半叶得到了极大的发展，以下从生物数学专门期刊的创办、生物数学专著的出版、生物数学社团的成立、生物数学奖励四个方面加以详细阐述。

8.1.1 生物数学专门期刊的创办

目前，不仅生物数学专门期刊的数量增加了好几倍，而且几乎所有生物学杂志都越来越多地刊登生物数学论文，比如 *Biometrics Bulletin*(1945年创刊)、*Biometrical Journal* (1959年创刊)、*Acta Biotheoretica*(1935年创刊)、*Cybernetics: Cybernetica* (1958年创刊)、*Journal of Theoretical Biology*(1961年创刊)、*Theoretical Population Biology*(1970年创刊)、*BioSystems*(1972年创刊)、*Mathematical Medicine and Biology*(1984年创刊)、*Comments on Theoretical Biology*(1989年创刊)、*Journal of Biological Systems*(1993年创刊)、*Theorie in den Biowissenschaften*(1996年创刊)。以下仅介绍 6 个国际著名生物数学期刊。

(1) 1902 年，高尔顿、卡尔·皮尔逊、韦尔登为了推广数理统计在生物学上的应用而创办的《生物统计学》(*Biometrika*) 杂志，标志着生物数学发展的一个里程碑。该杂志全年 4 期，由牛津大学出版社 (*Oxford University Press*) 出版 [313]。

(2) 1939 年，拉谢甫斯基创刊《数学生物物理学通报》(*Bulletin of Mathematical Biophysics*)，主要刊载数学物理方法引进生物学的研究，以及将生物问题抽象为数学问题或数学模型的研究。拉谢甫斯基于 1972 年将它更名为《数学生物学通报》(*Bulletin of Mathematical Biology*)，全年 6 期，由 Elsevier Science 出版社出版，主要刊载生物数学理论与实验研究方面的论文、数学家与生物学家之间的学术交流简讯，以及生物数学教学辅导性论文 [314]。

(3) 1967 年，弗雷德瑞克森 (A. G. Frederickson) 等人在美国创刊《数学生物科学》(*Mathematical Biosciences*)，主要刊载生物科学领域中的数学模型 (特别是微生物学动力学模型)、生物数学方法的研究论文，全年 12 期，由 Elsevier Science 出版社出版 [315]。

(4) 1974 年，布烈曼 (Hans Joachim Bremermann, 1926—1996) 和帱齐 (F. Atlee

Dodge，1922—2010) 及黑帱勒 (Karl Peter Hadeler，1936—) 在德国共同创刊《数学生物学杂志》(*Journal of Mathematical Biology*)，全年 6 期，由 Springer-Verlag 出版社出版。主要刊载生物学研究中的数学问题与性质、用数学理解或解释生物现象、生物数学建模和推理试验三个方面的论文 [316]。

(5) 1991 年，馁思齐 (Mohamed El Naschie，1943—) 在英国创刊《混沌，孤立子与分形》(*Chaos, Solitons & Fractals*)，全年 18 期，由 Elsevier Science 出版社出版。主要刊载分歧理论、奇异理论、决定性混沌和分形、稳定性理论、孤立子和相关现象、图样形成、展开和复杂性理论等方面的基础与应用，特别是在物理、生物医学与生命科学，以及工程应用方面的研究论文、评论和简报 [317]。

(6) 2008 年，在中国创刊国际生物数学杂志 (*International Journal of Biomathematics*)，编辑部设在中国鞍山师范学院，由新加坡世界科学出版社出版、发行与中文版独立出刊，全年 4 期，每期 144 页。该杂志由中国生物数学学会理事长陈兰荪研究员和奥地利科学院院士 Karl Sigmund 教授合作主编，其主要目的是加强国际间生物数学的学术交流，促进生物数学学科的发展；其主要方向包括数学生态学、传染病动力学、生物统计学和生物信息学 [318]。

8.1.2 生物数学专著的出版

1974 年左右，世界著名出版社 Springer-Verlag 开始出版两套生物数学丛书：

(1) *Lecture Notes in Biomathermatics* 丛书，已经出版 100 册。

(2) *Biomathermatics* 丛书，已经出版 20 册。

与此同时，世界各大出版社也相继效仿，出版了许多生物数学著作，带动了生物数学学科的迅速发展。

8.1.3 生物数学社团的成立

国际生物数学学会于 1972 年在美国成立，创始人为 George Karreman 和 Herbert Daniel Landahl 以及 Anthony Bartholomay，主要目的是推进研究 [319]。

中国生物数学学会成立于 1985 年，主要目的是团结广大生物数学界的理论与应用研究工作者，积极开展生物数学的普及和研究工作，为促进中国生物数学的繁荣与发展作出贡献。该学会自 1988 年以来主办了多次大型生物数学国际会议 (详细情况可参见本书 "9.6.3 国际生物数学学术会议" 及 "9.6.4 双边生物数学会议")。

通过这些国际学术交流活动确立了中国生物数学研究在整个国际生物数学学界中的地位。另外，中国还成立了许多省级生物数学学会：福建省生物数学学会、江浙沪生物数学学会、辽宁省生物数学学会等。

欧洲数学与理论生物学会成立于 1991 年，主要目的是提升欧洲范围内理论方法和数学工具在生物领域中的广泛应用。为实现这一目标，该学会定期组织暑期学校和学术会议，并出版学会通讯[320]。

日本生物数学学会于 2003 年正式成立，并被批准为日本一级学会。该学会规定每年召开一次年会和理事会，下设 6 个地区分会：东北地区 (仙台周围)，北海道地区，关西地区 (大阪周围)，四国地区，关东地区 (东京周围)，九州地区，中部地区 (名古屋周围)，广岛地区[321]。

另外，全世界其他国家基本上也都建立了各自国家级生物数学学会及各省、市级生物数学学会。

8.1.4 生物数学奖励

全世界许多国家均设有生物数学奖项。下面仅介绍 4 项影响最大的国际生物数学奖项——大久保晃奖、费希尔奖、席格尔奖、温夫奖。以下获奖者名单均来自国际生物数学学会网站 (http://www.smb.org/)。

1. 大久保晃奖

1999 年，大久保晃奖是为了纪念生物数学家大久保晃 (Akira Okubo，1924—1996) 而设立的。

该奖项由国际生物数学学会与日本生物数学学会共同管理，其评选委员会由国际生物数学学会和日本生物数学学会各选 3 名代表组成，每位代表任期两年。

该奖项主要奖励那些不但在生物数学理论研究中有卓越成果和创新，而且能解决当前棘手生物数学问题，并能将生物数学理论和实践有机结合的科学家。该奖项每两年颁发一次，交替地奖给满足下列两个条件之一的生物数学家：

(1) 新近发表了优秀成果的中青年生物数学家；
(2) 毕生成就被视为典范的年长生物数学家[322]。

大久保晃奖的历届获得者是：

(1) 1999——喏佤柯 (Martin Nowak，美国哈佛大学的生物数学教授)；
(2) 2001——莱雯 (Simon Asher Levin，美国普林斯顿大学的生物数学教授)；
(3) 2003——楔腊特 (Jonathan Sherratt，英国赫瑞·瓦特大学的数学教授)；
(4) 2005——莫理 (James Dickson Murray，美国华盛顿大学的数学教授)；
(5) 2007——皋旭 (Fugo Takasu，日本奈良女子大学的生物数学教授)；
(6) 2009——敖斯墨 (Hans Othmer，美国明尼苏达大学的数学教授)；
(7) 2011——近藤道雄 (Michio Kondoh，日本龙谷大学的生物数学教授)；
(8) 2013——蔡才紫 (Nanako Shigesada，日本奈良女子大学的生物数学教授)。

2. 费希尔奖

1963 年，美国统计学会主席委员会为纪念费希尔而设立了费希尔奖。该奖项由美国统计学会主席委员会授奖。主要奖励在统计科学研究中作出杰出贡献的生物统计学家[323]。

费希尔奖的历届获得者是：

(1) 1964 —— 巴特利特 (Maurice S. Bartlett，美国芝加哥大学的生物数学教授)；

(2) 1965 —— 肯普索恩 (Oscar Kempthorne，美国爱荷华州立大学的生物数学教授)；

(3) 1966 —— 空缺；

(4) 1967 —— 图克 (John Tukey，美国普林斯顿大学的生物数学教授)；

(5) 1968 —— 古德曼 (Leo Goodman，美国芝加哥大学的生物数学教授)；

(6) 1969 —— 空缺；

(7) 1970 —— 萨维奇 (Leonard Savage，美国普林斯顿大学的生物数学教授)；

(8) 1971 —— 丹尼尔 (Cuthbert Daniel，专职生物数学研究员)；

(9) 1972 —— 科克伦 (William G. Cochran，美国哈佛大学的生物数学教授)；

(10) 1973 —— 科恩菲得 (Jerome Cornfield，美国乔治·华盛顿大学的生物数学教授)；

(11) 1974 —— 保科思 (George E. P. Box，美国威斯康星大学的生物数学教授)；

(12) 1975 —— 切尔诺夫 (Herman Chernoff，美国马萨诸塞州技术研究所生物数学研究员)；

(13) 1976 —— 巴纳德 (George Alfred Barnard，加拿大滑铁卢大学的生物数学教授)；

(14) 1977 —— 保瑟 (R. C. Bose，美国北卡罗来纳大学的生物数学教授)；

(15) 1978 —— 克鲁斯卡尔 (William Kruskal，美国芝加哥大学的生物数学教授)；

(16) 1979 —— 润饶 (C. R. Rao，美国宾夕法尼亚州立大学的生物数学教授)；

(17) 1980 —— 空缺；

(18) 1981 —— 空缺；

(19) 1982 —— 安斯库姆 (Francis J. Anscombe，美国耶鲁大学的生物数学教授)；

(20) 1983 —— 萨维奇 (I. Richard Savage，美国明尼苏达大学的生物数学教授)；

(21) 1984 —— 空缺；

(22) 1985 —— 安德森 (Theodore W. Anderson，美国斯坦福大学的生物数学教授)；

(23) 1986——布莱克韦尔 (David H. Blackwell, 美国加利福尼亚大学的生物数学教授);

(24) 1987——莫斯特勒 (Frederick Mosteller, 美国哈佛大学的生物数学教授);

(25) 1988——利奥莱曼 (Erich L. Lehmann, 美国加利福尼亚大学的生物数学教授);

(26) 1989——考克斯 (David R. Cox, 美国纳菲尔德学院的生物数学教授);

(27) 1990——弗雷泽 (Donald A. S. Fraser, 美国约克大学的生物数学教授);

(28) 1991——布瑞林格 (David Brillinger, 美国加利福尼亚大学的生物数学教授);

(29) 1992——迈尔 (Paul Meier, 美国哥伦比亚大学的生物数学教授);

(30) 1993——罗宾斯 (Herbert Robbins, 美国哥伦比亚大学的生物数学教授);

(31) 1994——汤普森 (Elizabeth A. Thompson, 美国华盛顿大学的生物数学教授);

(32) 1995——布瑞思娄 (Norman Breslow, 美国华盛顿大学的生物数学教授);

(33) 1996——依富 (Bradley Efron, 美国斯坦福大学的生物数学教授);

(34) 1997——马洛斯 (Colin Mallows, 美国贝尔实验室生物统计学研究员);

(35) 1998——登普斯特 (Arthur P. Dempster, 美国哈佛大学的生物数学教授);

(36) 1999——卡尔布富雷齐 (Jack Kalbfleisch, 加拿大滑铁卢大学的生物数学教授);

(37) 2000——奥克因 (Ingram Olkin, 美国斯坦福大学的生物数学教授);

(38) 2001——伯杰 (J. O. Berger, 美国杜克大学的生物数学教授);

(39) 2002——卡罗尔 (Raymond Carroll, 美国德克萨斯大学的数学教授);

(40) 2003——史密斯 (Adrian F. M. Smith, 英国伦敦大学校长、生物数学教授);

(41) 2004——鲁宾 (Donald Rubin, 美国哈佛大学的生物数学教授);

(42) 2005——库克 (Dennis Cook, 美国明尼苏达大学的生物数学教授)。

(43) 2006——思比德 (Terence Speed, 美国加利福尼亚大学伯克利分校的生物数学教授);

(44) 2007——泽棱 (Marvin Zelen, 美国哈佛公共卫生学院的生物数学教授);

(45) 2008——普伦蒂斯 (Ross L. Prentice, 美国华盛顿大学数学教授);

(46) 2009——克瑞水 (Noel Cressie, 美国俄亥俄州立大学的生物数学教授);

(47) 2010——林赛 (Bruce Lindsay, 美国宾夕法尼亚州立大学的生物数学教授);

(48) 2011——吴建福 (C. F. Jeff Wu, 美国华裔统计学家, 佐治亚理工学院的生物数学教授);

(49) 2012——黎陶 (Roderick J. A. Little, 美国密歇根大学的生物统计学教授);

(50) 2013——比克尔 (Peter J. Bickel, 美国加利福尼亚大学伯克利分校的生物统计学教授)。

3. 席格尔奖

2008 年，为纪念故去的美国生物数学家席格尔 (Lee Aaron Segel, 1932—2005) 所作出的卓越贡献而设立的以他名字命名的席格尔奖。1971 年, 席格尔与美国科学家凯勒 (Evelyn Fox Keller, 1936—) 建立了经典的趋化性模型, 从此趋化性现象得到了广泛深入的研究 [324]。

席格尔奖由国际生物数学学会委员从过去两年被《数学生物学通报》接受的论文里评选出最佳学生论文、最佳阐述性论文; 从过去三年内被《数学生物学通报》接受的论文里遴选出最佳综述性研究论文, 每次评出这三个奖项。席格尔奖每两年颁发一次 [325]。

席格尔的历届获奖作者及论文是:

1) 最佳学生论文

(1) 2008—— Emma Y. Jin 与 Christian M. Reidys 合作的论文 *Asymptotic Enumeration of RNA Structures with Pseudoknots*;

(2) 2010—— Barbara Boldin 的论文 *Persistence and spread of gastro—intestinal infections: the case of enterotoxigenic Escherichia coli in piglets*;

(3) 2012—— S. M. Moore, C. A. Manore, V. A. Bokil, E. T. Borer, P. R. Hosseini 5 位学生合作的论文 *Spatiotemporal Model of Barley and Cereal Yellow Dwarf Virus Transmission Dynamics with Seasonality and Plant Competition*。

2) 最佳阐述性论文

(1) 2008—— Tomas de-Camino-Beck 与 Mark A. Lewis 合作的论文 *A New Method for Calculating Net Reproductive Rate from Graph Reduction with Applications to the Control of Invasive Species*;

(2) 2010—— Brynja R. Kohler, Rebecca J. Swank, James W. Haefner, James A. Powel 4 位学者合作的论文 *Leading Students to Investigate Diffusion as a Model of Brine Shrimp Movement*;

(3) 2012—— Rafael Peña-Miller, David Lähnemann, Hinrich Schulenburg, Martin Ackermann, Robert Beardmore 5 位学者合作的论文 *Selecting Against Antibiotic-Resistant Pathogens: Optimal Treatments in the Presence of Commensal*

Bacteria。

3) 最佳综述性研究论文

(1) 2008 —— 空缺；

(2) 2010 —— W. Brent Lindquist 与 Ivan D. Chase 合作的论文 Data-Based Analysis of Winner-Loser Models of Hierarchy Formation in Animals；

(3) 2012 —— 空缺。

4. 温夫奖

2009 年，为纪念已故生物数学家温夫 (Arthur Taylor Winfree，1942—2002) 所作出的突出贡献而设立的以他的名字命名的温夫奖[326]。

该奖项由国际生物数学学会委员每隔一年评一次，奖励在生物数学方面作出创新成果的学者。

温夫奖的历届获得者是 (http://www.smb.org/prizes/winfree/winfree_winners.shtml)：

(1) 2009 —— 敖司特 (George Oster，美国加利福尼亚大学的生物数学教授)；

(2) 2011 —— 邰襂 (John Tyson，美国艾比伦基督教大学副校长、生物数学教授)；

(3) 2013 —— 葛轼斯 (Leon Glass，加拿大麦吉尔大学的生物数学教授)。

8.2 生物数学的发展方向展望

纵观生物数学的过去与现在，其未来的发展趋势从一个侧面非常清楚地表明：生物学未来的前沿是数学，同时数学未来的前沿是生物学。

8.2.1 生物数学将广泛渗透与应用于生物医学

随着时代的发展，人们越来越关注如何更长久、更好地生活，这也促使现代数学与生物医学越来越紧密地结合在一起。

20 世纪 60 年代，科马克 (Allan MacLeod Cormack，1924—1998)(图 8.1) 先生，利用数学中的拉东 (Johann Karl August Radon，1887—1956) 积分变换 $F(x) = \int_{\xi} f(x) \mathrm{d}_{\xi} x$，清除了 CT 扫描仪发明中的一个最大障碍。如今拉东积分变换法已经成为 CT 扫描仪理论的核心。而首创 CT 理论的科马克先生与 1972 年制作了第一台 CT 的洪斯菲尔德先生 (Godfrey Newbold Hounsfield，1919—2004)(图 8.2) 因此分别获得了 1979 年的诺贝尔生理学和医学奖[327]。

8.2 生物数学的发展方向展望

图 8.1　科马克

图 8.2　洪斯菲尔德

20 世纪 80 年代后期所产生的磁共振显像技术，其核心技术之一是以复分析中的傅里叶 (Jean Baptiste Joseph Fourier，1768—1830) 变换的快速、精确的反演为基础。

我国古代先贤在药物开发中，多直接以人体为对象，所谓"神农尝百草，一日而遇七十毒"。此时，人体就是一个"黑盒子"，研究者只能观测到药物作用后人体的表现，例如，清热、止吐、止血等。显然，以人体作为实验对象无疑具有巨大的风险，可以说现今的中医药都是先辈用生命和鲜血换来的成果。从 20 世纪 80 年代开始，国内外许多学者开始尝试用现代数学语言解释[328]和发现中医内在原理[329]。虽然目前中医药典中收集的常用植物药有 700 多种，其中多数草药的化学成分已基本被阐明，并有很多尝试将中医与数学相结合的论文，但是它们基本上还停留在用数学解释中医理论阶段[330]，仍然表现在中医药物质基础不清、作用机制不明等核心问题上。怎样有效地将生物数学广泛渗透、应用于中医药这门主要依靠实践经验总结而成的学科，以促进中医药进一步快速发展，是当代生物数学家面临的一个难题，这就需要应用现有的生物数学方法，甚至可能会发展出新的生物数学方法与理论来应付这一挑战。

近年来，序列基因库每 12 个月就增大一倍，其占据的存储容量越来越大，为数据的分析和加工带来极大困难。事实上，迄今科学家已成功完成数千组包括病毒、细菌和真核基因组的测序工作，并致力于对数学模型的开发和应用，然后再结合实验数据来发现小分子、确认靶标、研究疾病发病和治疗机制，以提高药物疗效和降低毒副作用，最终实现对细胞内复杂网络的精确调控及改变疾病病理生理学的目的。

下面以轴突上的神经丝运输中的反应-扩散-双曲型方程组为例：

大多数轴突蛋白是在神经细胞体中合成,并经由各种轴突运输机制,沿轴突进行运输。为了构造其生物医学模型,通常采用一组微分方程来表示,这就需要确定其中各个变量之间的关系,并详细说明比率参数。通常其中的有些参数不能从文献中直接找到而需要进行估值。估值是在一个旨在达到与实验数据很好拟合的迭代过程中确定的,这个过程可能需要很多次迭代。因此,问题的关键是想办法让每次模拟不需要花费太多的计算时间。

当对生物医学模型进行模拟的最终结果和实验结果一致时,就可以认为该生物医学模型在提出生物医学上可测试的新的假设方面是有用的。

卡里斯乌 (Gheorghe Craciun) 等人所研制的生物医学模型由下述双曲型方程来进行描述 [331]:

$$\varepsilon(\partial_t + v_i\partial_x)p_i = \sum_{j=1}^n k_{ij}p_j, \quad 0 < x < \infty, \quad t > 0, \quad 1 \leqslant i \leqslant n$$

其中,$k_{ij} \geqslant 0 \left(\text{若} i \neq j, \text{则} \sum_{i=1}^n k_{ij} = 0\right)$,$0 < \varepsilon = 1$,$x$ 是到细胞体的距离,$p_i(x,t)$ 是 n 个物态中一个物态的货运密度 (沿轨道向前移动、向后移动、静止、出轨等)。

在体内和体外的实验观察中,上述模型可确定所运输的蛋白质群体的轮廓和速度。

令 $p_m(x,t) = \lambda_m Q_m\left(\dfrac{x-vt}{\sqrt{\varepsilon}}, t\right)$,其中 λ_m 由在 $x=0$ 处的边界条件来确定,v 为速度 v_i 的加权平均 (v_i 可以为正的或负的)。弗里德曼 (Avner Friedman) 等人证明了:当 $\varepsilon \to 0$ 时,$Q_m(s,t) \to Q(s,t)$,这里 $Q(s,t)$ 是下列抛物型方程初值问题的有界解:

$$(\partial_t - \sigma^2\partial_s^2)Q(s,t) = 0, \quad -\infty < s < \infty, \quad t > 0$$

$$Q(s,0) = \begin{cases} 1, & -\infty < s < 0 \\ q_0(s), & 0 < s < \infty \end{cases}$$

其中,$q_0(s)$ 是依赖于 p_i 的初始条件及 σ^2 的关于 k_{ij} 的函数 [332]。

由里德 (Michael Charles Reed) 等人的工作可知 [333],上述结果表明货运就像近似波那样移动:虽然波的速度是固定的,但是它的轮廓线在减小;上述结果已经被弗里德曼等人推广到货运移动在多个轨道上进行的情形 [334]。

下面是关于一个细胞分化问题的例子:

假设 T 细胞是一类血细胞,它是免疫系统的关键组成部分。T 细胞分化成具有不同功能的 TH1 或 TH2 细胞。要分化为哪种类型的细胞,取决于细胞内转录因子 T-bet(x_1) 和 GATA-3(x_2) 的浓度。如果 x_1 高 (低) 而 x_2 低 (高),则 T 细胞分

化成 TH1(TH2)。弗里德曼等人曾研究过一类相应数学模型[335]：x_i 根据以下动力系统

$$\frac{\mathrm{d}x_i}{\mathrm{d}t} = f_i(x_1, x_2, S_i(t)), \quad i = 1, 2$$

来演化，其中 $S_i(t)$ 形为

$$S_i(t) = \frac{C_i(t) + \iint\limits_D x_i \phi(x_1, x_2, t) \mathrm{d}x_1 \mathrm{d}x_2}{\iint\limits_D \phi(x_1, x_2, t) \mathrm{d}x_1 \mathrm{d}x_2}$$

其中 $C_i(t)$ 是外部信号 (比如一种感染)，而 $\phi(x_1, x_2, t)$ 是时刻 t 浓度为 (x_1, x_2) 的细胞的密度。函数 ϕ 满足守恒律：

$$\frac{\partial \phi}{\partial t} + \sum_{i=1}^{2} \frac{\partial}{\partial z_i}(f_i \, \phi) = g \, \phi$$

其中 g 是增长率，而上面动力系统中的 f_i 具有以下特定形式：

$$f_i(x_1, x_2, S_i(t)) = -\mu x_i + \left(\alpha_i \frac{x_i^n}{k_i^n + x_i^n} + \sigma_i \frac{S_i}{\rho_i + S_i} \right) \cdot \frac{1}{1 + x_j/\gamma_j} + \beta_i$$

其中 $(i, j) = (1, 2)$ 以及 $(i, j) = (2, 1)$。

弗里德曼等人证明了当 $t \to \infty$ 时依赖于动力系统中的不同参数，函数 $\phi(x_1, x_2, t)$ 趋于 1-峰 Dirac 测度、2-峰 Dirac 测度或 4-峰 Dirac 测度。其证明的思想是：当时间增加时，利用一个包围动力系统轨道的嵌套自适应区域序列，然后证明该嵌套自适应区域序列收敛到 1 个、2 个或 4 个点。每个峰在 (x_1, x_2) 平面上的位置决定了它是否是 TH1 或 TH2 细胞。原则上，同样的想法还适应于其他具有非局部系数的动力系统。

1999 年，美国洛斯阿拉莫斯国家实验室高级研究员 Alan S. Perelson 等人建立了下述病毒感染模型[336]：

$$\begin{cases} \dot{T} = s - dT + aT(1 - T/T\max) - \beta TV \\ \dot{I} = \beta TV - \delta I \\ \dot{V} = N\delta I - cV \end{cases}$$

他们分析了该模型的性质，并用临床数据进行了模拟，证实了数学模型的方法对研究病毒感染的有效性，对研究病毒动力学提供了基础。

王开发等学者在该模型的基础上，进一步建立了一些更为合理的数学模型[337]。

(1) 具有饱和感染率的病毒动力学模型：

$$\begin{cases} \dot{T} = s - dT + aT(1 - T/T\max) - \dfrac{\beta TV}{1+\alpha V} \\ \dot{I} = \dfrac{\beta TV}{1+\alpha V} - \delta I \\ \dot{V} = pI - cV \end{cases}$$

(2) HTLV-1 感染和成人 T 淋巴细胞白血病 (ATL) 的病毒动力学模型：

$$\begin{cases} \dot{T} = \lambda - \mu_T T - kT_A T \\ \dot{T}_L = kT_A T - (\mu_L + \alpha)T_L \\ \dot{T}_A = \alpha T_L - (\mu_A + \rho)T_A \\ \dot{T}_M = \rho T_A + \beta T_M(1 - T_M/T\max) - \mu_M T_M \end{cases}$$

(3) 具有非线性感染率的病毒动力学模型：

$$\begin{cases} \dot{T} = s - \alpha T + rT[1 - (T+I)/T\max] - kT^q V \\ \dot{I} = kT^q V - \beta I \\ \dot{V} = N\beta I - dV \end{cases}$$

(4) 具有治愈率的病毒动力学模型：

$$\begin{cases} \dot{T} = s - dT + aT(1 - T/T\max) - \beta TV + \rho I \\ \dot{I} = \beta TV - \delta I - \rho I \\ \dot{V} = pI - cV \end{cases}$$

(5) 首先将从健康 T 细胞和病毒结合到释放出病毒之间的时滞引入到 HIV 病毒感染动力学，得到下述模型：

$$\begin{cases} \dot{T} = s - dT + aT(1 - T/T\max) - \beta TV \\ \dot{I} = \beta T(t-\tau)V(t-\tau) - \delta I \\ \dot{V} = pI - cV \end{cases}$$

然后利用 Routh-Hurwitz 判据可得到该模型平衡点的局部稳定性；利用 Hopf 分支定理证明了该模型分支周期解的存在性。

(6) 建立了如下病毒动力学方程

$$\begin{cases} \dot{T} = s - dT + aT(1 - T/T\max) - \beta TV \\ \dot{I} = \beta e^{-m\tau}T(t-\tau)V(t-\tau) - \delta I \\ \dot{V} = pI - cV \end{cases}$$

并给出了该模型 Hopf 分支周期解的存在条件，以及周期解分支的方向和周期解的稳定性。

(7) 建立了一类具有时滞和治愈率的病毒动力学模型：

$$\begin{cases} \dot{T} = s - dT + aT[1-(T+I)/T\max] - \beta TV + \rho I \\ \dot{I} = \beta T(t-\tau)V(t-\tau) - \delta I - \rho I \\ \dot{V} = pI - cV \end{cases}$$

并给出了该类时滞病毒动力学模型平衡点的存在性、稳定性、Hopf 分支周期解的存在条件，以及周期解分支的方向和周期解的稳定性，从而从理论上证实生物免疫学家从试验和数值计算得到的病毒和 T 淋巴细胞存在低水平共存的现象，为理解模型所反映的免疫学的规律性提供了理论依据[338]。

下面介绍两类目前比较常用的生物数学模型的构建过程。

1. 药物残留在畜体内的分布与排除模型

问题 近年来药物残留引起畜禽中毒和影响畜禽产品出口的报道越来越多。药物残留不仅可以直接对畜体产生急慢性毒性作用，引起细菌耐药性的增加，还可以通过在环境中逐渐蓄积、长期接触和食物链的作用间接对人体健康造成潜在危害，并影响当地养殖业的发展和走向国际市场。

分析 畜体内药物残留浓度的变化是一个很复杂的问题，涉及很多因素。残留药物进入畜体后，从肠道向血液系统的转移相当于血液系统对残留药物的吸收，并在随血液输送到各器官和组织的过程中，不断地被吸收、分布、代谢，最终排出体外，这可由半衰期确定。残留药物在血液中的浓度 (μg/mv) 称为血药浓度。血药浓度的大小直接影响到残留药物的危害程度。建立残留药物在畜体内的分布与排除的模型的目的是研究畜体内血药浓度的变化过程，确定诸如转移和排除速率系数等参数，为依据残留药物剂量大小确定其危害程度提供数量依据。通过微分方程组和大规模计算分析，来实现生物数据和数学理论假设之间的有效整合。研究中往往采用数值法对这些微分方程组进行求解，从而获得在具有明确生理学意义的不同脏器或组织中血药浓度对时间的变化规律。通过这种方式，研究者能够深入诠释药物在机体内的作用机制，并对药物可能发生的毒性作用、药物在整体下的药效作用，以及药物的剂量效应关系进行预测。

在解决方案的设计中，可首先选择一室模型，不满意时再采用二室或多室模型，甚至非线性房室模型。常见的一种非线性模型 (以一室为例) 是

$$\dot{c}_1(t) = -\frac{k_1 c_1}{k_2 + c_1}$$

当 c_1 较小时它近似于线性模型, 称为一级排除过程; 而当 c_1 较大时 $\dot{c}_1(t)$ 近似于常数, 称为零级排除过程, 所以它表示了一种混合型的排除过程。

残留药物进入畜体之后形成的血药浓度应该始终低于一个可控水平, 以防止浓度过高对畜禽产生极大危害。通过借鉴药物动力学中的有关知识, 建立房室模型, 模拟残留药物在畜体内吸收、分布和排除过程, 忽略诸多的次要因素, 只考虑一些最重要的、影响作用最大的因素, 以此来简化问题。

所建立的房室模型属于畜体的一部分, 残留药物在一个房室内均匀分布 (血药浓度为常数), 在房室间按一定规律转移, 利用这些规律来对问题进行模拟求解。也可将一个畜体划分成若干个房室, 每个房室是畜体的一部分, 比如中心室和周边室, 并假设在一个房室内残留药物呈均匀分布, 而在不同的房室之间按一定规律进行转移 [339]。

模型假设 (1) 残留药物进入畜体后, 全部进入中心室 (血液较丰富的心、肺、肾等器官和组织), 中心室的容积在残留药物进入过程中保持不变;

(2) 残留药物从中心室排出体外, 与排除的数量相比, 残留药物的吸收可以忽略;

(3) 残留药物排除的速率与中心室的血药浓度成正比。

模型建立与求解 如图 8.3 所示。

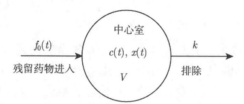

图 8.3 残留药物进入与排除示意图

$f_0(t)$ 表示残留药物进入速率; $(c)t$ 表示中心室血药浓度; $x(t)$ 表示中心室药量; V 表示中心室容积; k 表示排除速率系数

上述各量间有关系

$$\frac{dx(t)}{dt} = f_0(t) - kx, \text{即} \frac{dx(t)}{dt} + kx = f_0(t)$$

又

$$x(t) = Vc(t)$$

则可得方程

$$\frac{dc(t)}{dt} + kc(t) = \frac{f_0(t)}{V}$$

在残留药物输入中心室之前先有一个残留药物进入血液的过程, 可以看作存在一个进入室, 残留药物由进入室到中心室的转移速率系数记成 k_1, 残留药物进

8.2 生物数学的发展方向展望

入量 D, 进入中心室药量 $x_0(t)$, 则

$$\begin{cases} \dfrac{\mathrm{d}x_0(t)}{\mathrm{d}t} = -k_1 x_0 \\ x_0(0) = D \end{cases} \Rightarrow x_0(t) = D\mathrm{e}^{-k_1 t}$$

于是 $f_0(t) = k_1 D \mathrm{e}^{-k_1 t}$, 初始条件 $c(0) = 0$, $\dfrac{\mathrm{d}c(t)}{\mathrm{d}t} + kc(t) = \dfrac{f_0(t)}{V}$ 的解为

$$c(t) = \frac{k_1 D}{V(k_1 - k)} (\mathrm{e}^{-kt} - \mathrm{e}^{-k_1 t}), \quad k_1 > k \qquad (*)$$

下面参数估计 k 和 k_1:

因为 $k_1 > k$, 记 $A = \dfrac{k_1 D}{V(k_1 - k)}$, 于是当 t 充分大时 $(*)$ 近似为

$$c(t) = A\mathrm{e}^{-kt} \quad \text{或} \quad \ln c(t) = \ln A - kt$$

对于适当大的 t_i 和测得的相应 $c(t_i)$, 用最小二乘法估计出 k 和 $\ln A$, 从而再由

$$A = \frac{k_1 D}{V(k_1 - k)}$$

就可以估计出

$$k_1 = \frac{AVk}{AV - D}$$

上述模型当要求精度较高时, 可采用二室甚至多室模型, 例如, 二室模型示意图 (图 8.4), 这时的机理分析和参数估计都比一室模型难度更大, 需要建立微分方程组来进行分析。

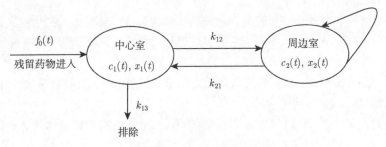

图 8.4 二室模型示意图

最后通过实验数据可得 k 和 k_1 的真实值 [340]。

2. 生物节律模型

生物节律是生物在其产生和进化过程中，为了与环境变化相适应而逐渐形成的生理、代谢活动和行为过程节律。它广泛存在于各种生命活动中，使生物体适应自然界的环境变化。

生物数学模型在生物节律研究领域中的应用逐渐成为生命科学研究的一个热点和前沿性问题[341]。一个好的生物数学模型不仅能帮助我们理解生物节律的复杂结构，自觉地调节工作，提高效率，减少事故，改善健康，而且可以预测生物将来可能的发展状态以供实验进一步验证。

根据周期长度，生物节律可以分为昼夜节律 (周期近似 24 小时)、亚日节律 (周期大于 24 小时) 和超日节律 (周期短于 24 小时)。

下面这个昼夜节律模型由五个常微分方程组成[342]：

$$\frac{\mathrm{d}I}{\mathrm{d}t} = v_s \frac{K_I^n}{K_I^n + P_N^n} - v_m \frac{I}{K_m + I} \tag{1}$$

$$\frac{\mathrm{d}P_0}{\mathrm{d}t} = k_s I - V_1 \frac{P_0}{K_1 + P_0} + V_2 \frac{P_1}{K_2 + P_1} \tag{2}$$

$$\frac{\mathrm{d}P_1}{\mathrm{d}t} = V_1 \frac{P_0}{K_1 + P_0} - V_2 \frac{P_1}{K_2 + P_1} - V_3 \frac{P_1}{K_3 + P_1} + V_4 \frac{P_2}{K_4 + P_2} \tag{3}$$

$$\frac{\mathrm{d}P_2}{\mathrm{d}t} = V_3 \frac{P_1}{K_3 + P_1} - V_4 \frac{P_2}{K_4 + P_4} - k_1 P_2 + k_2 P_N - v_d \frac{P_2}{K_d + P_2} \tag{4}$$

$$\frac{\mathrm{d}P_N}{\mathrm{d}t} = k_1 P_2 - k_2 P_N \tag{5}$$

其中，I 表示血清和蛋黄中的卵黄抗体 (IgY) 水平；P_N 表示发展周期；P_0 表示超日节律的发展周期；P_1 表示昼夜节律的发展周期；P_2 表示亚日节律的发展周期；v_s 表示卵黄抗体 IgY 的最大积累率；v_m 表示卵黄抗体 IgY 的最高降解率；v_d 表示 P_2 的最高降解率；k_s 表示 I 合成常数率；k_1 与 k_2 表示 P_2 与 P_N 之间的输送常数率；V_1 表示 P_0 转换为 P_1 的最大速率，$P_0 \rightarrow P_1$；V_2 表示 P_1 逆转换为 P_0 的最大速率，$P_1 \rightarrow P_0$；V_3 表示 P_1 转换为 P_2 的最大速率；V_4 表示 P_2 逆转换为 P_1 的最大速率，$P_2 \rightarrow P_1$；K_1 表示描述 V_1 的米凯利斯常数；K_2 表示描述的米凯利斯常数 V_2；K_3 表示描述 V_3 的米凯利斯常数；K_4 表示描述的米凯利斯常数 V_4；K_I 表示阈值常数；n 表示协同性程度。

通过对上述生物节律模型分析解释研究中可能遇到的卵黄抗体表达波动现象，可以有效地清除侵入机体内的微生物、寄生虫等异物。

另外，对于上述生物节律模型中的参数，如果分别赋予以下数值，可将其转化为以 24 小时为周期的持续振荡昼夜节律模型[343]：

$N = 3$, $v_s = 0.76 \mu\text{mol}\,\text{L}^{-1}\,\text{H}^{-1}$, $v_m = 0.65 \mu\text{mol}\,\text{L}^{-1}\,\text{H}^{-1}$, $v_d = 0.95 \mu\text{mol}\,\text{L}^{-1}\,\text{H}^{-1}$, $k_s = 0.38 \text{H}^{-1}$, $k_1 = 1.9 \text{H}^{-1}$, $k_2 = 1.3 \text{H}^{-1}$, $V_1 = 3.2 \mu\text{mol}\,\text{L}^{-1}\,\text{H}^{-1}$, $V_2 = 1.58 \mu\text{mol}\,\text{L}^{-1}\,\text{H}^{-1}$, $V_3 = 5 \mu\text{mol}\,\text{L}^{-1}\,\text{H}^{-1}$, $V_4 = 2.5 \mu\text{mol}\,\text{L}^{-1}\,\text{H}^{-1}$, $K_1 = K_2 = K_3 = K_4 = 2 \mu\text{mol}$, $K_m = 0.5 \mu\text{mol}$, $K_d = 0.2 \mu\text{mol}$, $K_I = 1 \mu\text{mol}$, $n = 4$; 初始值 I, P_0, P_1, P_2, P_N 分别取值 $0.6 \mu\text{mol}$, $0.5 \mu\text{mol}$, $0.5 \mu\text{mol}$, $0.6 \mu\text{mol}$, $1.1 \mu\text{mol}$。

为了计算方便,可以将上述常微分方程组离散化为差分方程。比如,将上述方程 (5) 中的 $\dfrac{\mathrm{d}P_N}{\mathrm{d}t}$ 离散化为 $\dfrac{P_{N,i} - P_{N,i-1}}{\Delta t}$;将 $k_1 P_2 - k_2 P_N$ 写为 $k_1 P_{2,i-1} - k_2 P_{N,i-1}$,其中 $P_{N,i}$ 为 P_N 目前所处的第 i 时间的取值,则有

$$\begin{aligned} \dfrac{\mathrm{d}P_N}{\mathrm{d}t} &= k_1 P_2 - k_2 P_N \\ \dfrac{P_{N,i} - P_{N,i-1}}{\Delta t} &= k_1 P_{2,i-1} - k_2 P_{N,i-1} \\ P_{N,i} &= (k_1 P_{2,i-1} - k_2 P_{N,i-1})\Delta t + P_{N,i-1} \end{aligned} \tag{5a}$$

方程 (1)—(3) 可以用同样的方法进行处理:

$$M_i = \left(v_s \dfrac{K_I^n}{K_I^n + P_{N,i-1}^n} - v_m \dfrac{M_{i-1}}{K_m + M_{i-1}} \right)\Delta t + M_{i-1} \tag{1a}$$

$$P_{0,i} = \left(k_s M_{i-1} - V_1 \dfrac{P_{0,i-1}}{K_1 + P_{0,i-1}} + V_2 \dfrac{P_{1,i-1}}{K_2 + P_{1,i-1}} \right)\Delta t + P_{0,i-1} \tag{2a}$$

$$\begin{aligned} P_{1,i} = &\left(V_1 \dfrac{P_{0,i-1}}{K_1 + P_{0,i-1}} - V_2 \dfrac{P_{1,i-1}}{K_2 + P_{1,i-1}} \right.\\ &\left. - V_3 \dfrac{P_{1,i-1}}{K_3 + P_{1,i-1}} + V_4 \dfrac{P_{2,i-1}}{K_4 + P_{2,i-1}} \right)\Delta t + P_{1,i-1} \end{aligned} \tag{3a}$$

$$\begin{aligned} P_{2,i} = &\left(V_3 \dfrac{P_{1,i-1}}{K_3 + P_{1,i-1}} - V_4 \dfrac{P_{2,i-1}}{K_4 + P_{2,i-1}} - k_1 P_{2,i-1} \right.\\ &\left. + k_2 P_{N,i-1} - v_d \dfrac{P_{2,i-1}}{K_d + P_{2,i-1}} \right)\Delta t + P_{2,i-1} \end{aligned} \tag{4a}$$

$$P_{N,i} = (k_1 P_{2,i-1} - k_2 P_{N,i-1})\Delta t + P_{N,i-1} \tag{5a}$$

这样变量 M, P_0, P_1, P_2 以及 P_N 便可通过迭代法求出 [344]。

如果想得到亚日节律,只需将 "修正系数" 加入其中一个参数方程便可。例如,将 "修正系数" 加入方程 (5a) 中得到

$$P_{N,i} = [(k_1 + amp_{k_1}\varepsilon_t)P_{2,i-1} - (k_2 + amp_{k_2}\varepsilon_t)P_{N,i-1}]\Delta t + P_{N,i-1}$$

其中 amp_{k_1} 与 amp_{k_2} 分别为参数 k_1 与 k_2 的修正系数；ε_t 为取自 1 到 ∞ 之间的模拟数字。同样方法，可将修正系数加到上述方程 ((1a)–(5a)) 除 M，P_0，P_1，P_2，P_N，Δt 外的所有参数中 (比如对于参数 V_1，其修正系数为 amp_{V_1})。

如果想得到卵黄抗体的超日节律，只需将上述 ε_t 的值取为 0 到 1 之间的模拟数字 [345]。

根据以上关于生物数学在生物医学中的研究热点介绍，我相信未来的 10 年将非常清楚地表明：生物数学将广泛渗透与应用于生物医学。

3. 抗生素耐药性菌种群动力学模型

首先构造一个抗生素耐药性菌种群系统。该系统包括五个相互作用的单元：抗生素敏感性细菌 S、耐药性细菌 R、免疫细胞 (如吞噬细胞)P、抗生素浓度 A 和抗毒性药物浓度 A^*。它们在尿路感染或伤口感染等情形下的相互作用关系如图 8.5 所示。细菌在宿主体内的生长过程中，受到空间和营养的限制，可能会随着时间的推移趋向饱和。有些质体可经由接合作用从一个细菌转移到另一个细菌，促进细菌进化；有些质体在复制的同时，将病原体对抗生素抗性的基因一起复制、转移。宿主菌在得到质体后，它的生长和适应能力都将降低。因此，我们不能用简单的指数增长模型来处理，必须使用符合逻辑斯谛模型的基准增长率 $\eta_i(i = S, R)$ 和容纳量 K 来研究细菌的动力学特性，并借助 ψ 来代表根据不同感染类型而改变机体的内源性清除机制的清除率。

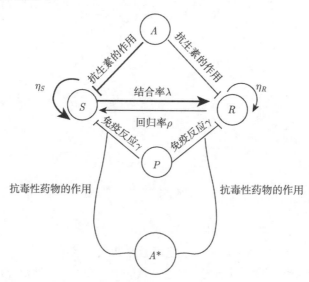

图 8.5　感染情形下的相互作用关系图

假设抗生素对易感细菌的影响比对耐药性细菌的影响更大，细菌的抗性代价

8.2 生物数学的发展方向展望

C 低于细菌的增长率 $\eta_R = (1-c)\eta_s(0 < c < 1)$。由于质体转移在相邻细菌中发生，所以抗生素敏感性细菌和抗生素耐药性细菌在种群中所占比例的水平会影响它们之间的相互作用，它们之间的结合率用 λ 表示。因为细菌有可能丢失携带抗性基因的质体，所以需要在模型中加入回归率常量 ρ，细菌被吞噬细胞 (免疫细胞) 吞噬的速率 γ(免疫反应率)，吞噬能力 $P_{\max}$，吞噬细胞通过病原体诱导的细胞凋亡率 δ，病原体自然清除率 δ_p。

通过以上分析与假设，我们得到以下在治疗过程中的抗生素耐药性菌种群动力学模型：

$$\frac{\mathrm{d}A}{\mathrm{d}t} = -\alpha A$$

$$\frac{\mathrm{d}A^*}{\mathrm{d}t} = -kA^*$$

$$\frac{\mathrm{d}P}{\mathrm{d}t} = \beta(S+R)\left(1 - \frac{P}{P_{\max}}\right) - \delta(S+R)P - \delta_p P$$

$$\frac{\mathrm{d}S}{\mathrm{d}t} = \begin{cases} \eta_s S\left(1 - \dfrac{S+R}{K}\right) - \mu_s(A)S - (\gamma + \zeta(A^*))PS - \\ \quad \lambda SR + \rho R - \psi S, & S \geqslant 1 \\ -\psi S, & S < 1 \end{cases}$$

$$\frac{\mathrm{d}R}{\mathrm{d}t} = \begin{cases} (1-c)\eta_s R\left(1 - \dfrac{S+R}{K}\right) - \mu_R(A)R - (\gamma + \zeta(A^*))PR + \\ \quad \lambda SR - \rho R - \psi R, & R \geqslant 1 \\ -\psi R, & R < 1 \end{cases}$$

通过对上述模型的多参数稳态分析，进一步挖掘抗生素在治疗过程中的细菌种群动力学机理，可以有针对性地阻止抗生素耐药性菌的传播。

8.2.2 多物种复合种群模型将趋于成熟

关于复合种群模型，除了在"2.13 复合种群动态数学模型"中所介绍的莱文思模型外，还有元胞自动机模型、联合映射网格模型、关联函数模型和概率转移模型等。其中，元胞自动机首先由美籍匈牙利数学家约翰·冯·诺依曼 (John Von Neumann, 1903—1957) 提出，用于模拟生命系统所特有的自复制现象，后来在化学、物理学、计算机科学、生物学中有了广泛的应用，特别是近年来在生物进化理论和生态学的发展中起了重要作用。元胞自动机考虑了一维、二维，甚至于高维的空间网格，并为网格的每个细胞定义了有限个可能状态，每个细胞状态的演变发展由一组更替法则控制，特定时刻网格上的每个斑块都有一个确定的状态，更替法则根据每个细胞和相邻细胞的当前状态决定了它们的转换动态。用元胞自动机研究复合种群时，把细胞看成斑块，每个斑块可能有两种潜在的状态：1 和 0(状态 1 表示占据的斑块，而 0 表示空斑块)。

联合映射网格模型是在元胞自动机的基础之上，通过限制扩散，使得从每个斑块迁出的个体能够随机地被送到邻体斑块上而建立的一种既包含局部扩散又包含局域种群动态的复合种群动态模型。

关联函数模型是另一类复合种群模型。目前，它主要应用于北美某些昆虫和欧洲蝴蝶的研究领域。该模型关注了每个斑块的离散时间随机动态过程，特别是对各个斑块上侵占与灭绝概率的估算。

概率转移模型抓住了每个斑块的占有概率的动态变化，占有斑块的比例实际上是各斑块占有概率的总和。由于该模型的高维数和高度的非线性结构，所以通常需要借助计算机的数值模拟研究它的相关性质。

目前比较成熟的复合种群模型和应用研究中，大多是关于单一物种复合种群的，而关于多物种的复合种群模型方面的研究还处于完善阶段，仍然很不成熟。其中一个主要的原因是在复合种群水平上，无论是理论研究还是实验研究，其复杂程度都大大增加了，很难将关于单一物种复合种群的研究推广到 n-物种复合种群来进行模拟研究[346]。

考虑到生物现象的各种复杂性：种群与环境之间，种群与种群之间，种群与个体之间，个体与个体之间，个体内的各级系统、器官、组织、细胞之间乃至细胞内的各级结构之间都存在着相当微妙的各种联系，生物学的问题更强调体系与环境之间的关系，而生物数学模型的简单化和理想化在一定程度上不同于生物学的基本属性。

另外，在生物现象中存在着太多不确定的偶然因素，这就像混沌学中描述的"蝴蝶效应"，即使最微小的影响因素也会带来最终结果的根本不同。马尔可夫调制的随机微分方程的动力特性对于研究脉冲随机生态系统越来越重要。但是从人类最初尝试用数学方法解决生物学问题开始，人们又别无选择，必须把需要研究的体系从环境中分离出来，并假设其中的一些条件是静止不变的，否则，如果从一开始就构造如同真实自然现象一样复杂的数学模型，那么对于当时生物数学的发展水平来说，将无从下手，更何况本来人们就期待着通过研究来得到简单化和理想化的数学模型。

随着生物数学方法的逐渐发展，过去传统的和经典的生物数学方法就会在一定程度上产生消极作用，人们要做的是想办法抵抗它的消极作用而不是单纯地放弃它。因此，每一项研究结论都必须在现实生物复杂环境中进行还原。这就像是人们在攀登一座很高的塔，并在逐级向上攀登的过程中，站在不同的层面上俯瞰。当人们爬到最高层时，就能够把影响一个基本问题的所有因素都涵盖进去，在此过程中,还可以从不同的高度去认识这个问题在整体联系中的地位和意义。这样的话,每一个基本问题的深入研究都会产生一个理论体系。虽然论证的完善需要做大量的工作,但是却能够使我们更清晰、更准确、更全面地认识自然,因而是非常有意义的。

通过查阅以往的生物数学论著资料,能够发现,这些论著所构建的种群模型考虑较多的是大多数,忽略了少数的例外,但是对生命来说,任何个体的存在都是有意义的,不能忽略,假设有一种治疗某类癌症的方法,它的有效率高达 99%,并且通常对人是无害的,只有 1% 的可能性会害人,但是危害的后果又十分严重。公平地说这是一种非常绝妙的疗法,妙到现实中很难真地发现,每位医生在临床治疗时都会毫不犹豫地选择这种治疗方法,而那 1% 的受害病人与家庭所要承受的痛苦可能将会毫不犹豫地被忽略,不管这种痛苦对个体来说是 1% 还是 100%。当人们把生物统计学方法应用于生物学时,总是会遇到这样的问题,这些问题的答案其实非常确定,也相当科学,但却很令人难过。

随着人类对生态环境的破坏和破碎,复合种群研究已经成为目前数学生态学和保护生物学的一个主要研究前沿,其研究主要集中在复合种群的动态行为、复合种群的空间分布和模式形成、影响复合种群动态和续存的因素、复合种群的续存条件、生物多样性的模式和机理、空间结构对种间关系的影响,为濒危物种及种群的研究提供了新颖的理论[347]。

为了研究多物种复合种群在特殊情况下的平衡点的稳定性,不妨假设种群 1 和种群 2 受食物、环境等因素影响的密度制约强度 b 相同,两个种群的增长率 a 相同,两个种群间有效的竞争系数 c 均相同,则可得

$$\begin{cases} \dfrac{\mathrm{d}x_1}{\mathrm{d}t} = x_1(a - bx_1 - cx_2) + d \\ \dfrac{\mathrm{d}x_2}{\mathrm{d}t} = x_2(a - cx_1 - bx_2) \end{cases}$$

其相对应的自治系统为

$$\begin{cases} x_1(a - bx_1 - cx_2) + d = 0 \\ x_2(a - cx_1 - bx_2) = 0 \end{cases}$$

由上述方程组可得其平衡点为

$$P_1\left(\frac{a + \sqrt{a^2 + 4bd}}{2b}, 0\right) \quad \text{和} \quad P_2\left(\frac{a - \sqrt{a^2 + 4bd}}{2b}, 0\right)$$

由于对于平衡点 $P_2\left(\dfrac{a - \sqrt{a^2 + 4bd}}{2b}, 0\right)$,显然有 $\dfrac{a - \sqrt{a^2 + 4bd}}{2b} < 0$,这不符合

生物学实际，所以无须考虑它的稳定性，只需要考虑平衡点 $P_1\left(\dfrac{a+\sqrt{a^2+4bd}}{2b},0\right)$ 的稳定性。

首先对 $P_1\left(\dfrac{a+\sqrt{a^2+4bd}}{2b},0\right)$ 作平移变换：

$$\begin{cases} X_1 = x_1 - \dfrac{a+\sqrt{a^2+4bd}}{2b} \\ X_2 = x_2 \end{cases}$$

可得

$$\begin{cases} \dfrac{\mathrm{d}X_1}{\mathrm{d}t} = (-\sqrt{a^2+4bd})X_1 - \dfrac{c(a+\sqrt{a^2+4bd})}{2b}X_2 + cX_1X_2 - bX_1^2 \\ \qquad\quad + \dfrac{(a+\sqrt{a^2+4bd})(\sqrt{a^2+4bd})}{4b} + d \\ \dfrac{\mathrm{d}X_2}{\mathrm{d}t} = \left(k_1 a - \dfrac{k_2 c(a+\sqrt{a^2+4bd})}{2b}\right)X_2 - cX_1X_2 - bX_2^2 \end{cases}$$

对上式取线性近似系统

$$\begin{cases} \dfrac{\mathrm{d}X_1}{\mathrm{d}t} = (-\sqrt{a^2+4bd})X_1 - \dfrac{c(a+\sqrt{a^2+4bd})}{2b}X_2 + \dfrac{(a+\sqrt{a^2+4bd})(\sqrt{a^2+4bd})}{4b} + d \\ \dfrac{\mathrm{d}X_2}{\mathrm{d}t} = \left(a - \dfrac{c(a+\sqrt{a^2+4bd})}{2b}\right)X_2 \end{cases}$$

得到其特征方程为

$$\begin{vmatrix} \lambda + \sqrt{a^2+4bd} & \dfrac{c(a+\sqrt{a^2+4bd})}{2b} \\ 0 & \lambda - a + \dfrac{c(a+\sqrt{a^2+4bd})}{2b} \end{vmatrix}$$

则可得特征方程的两个解分别为

$$\lambda_1 = a - \dfrac{c(a+\sqrt{a^2+4bd})}{2b}, \quad \lambda_2 = -\sqrt{a^2+4bd}$$

所以当 $a > \dfrac{c(a+\sqrt{a^2+4bd})}{2b}$ 时，平衡点 $P_1\left(\dfrac{a+\sqrt{a^2+4bd}}{2b},0\right)$ 不稳定；当 $a < \dfrac{c(a+\sqrt{a^2+4bd})}{2b}$ 时，平衡点 $P_1\left(\dfrac{a+\sqrt{a^2+4bd}}{2b},0\right)$ 稳定。

8.2 生物数学的发展方向展望

由以上分析可知，当 $a < \dfrac{c(a+\sqrt{a^2+4bd})}{2b}$ 时，种群 1 将最终稳定于其环境容纳量 $\dfrac{a+\sqrt{a^2+4bd}}{2b}$，种群 2 最终会灭绝。

接下来，用这种思想对种群 3 进行研究，依次类推。

总体来说，现有的多物种复合种群模型体系的建立还不成熟，非线性多物种复合种群模型行波解的存在性、行波解的传播速度以及单周期解和复合周期解的存在性等的研究才刚刚开始，处在初级阶段，还有很多待解决的问题。目前生物数学中所应用的数学方法还不能完全反映出数学的最新进展，数学家所了解的生物学理论也停留在一个比较浅显的层面，但是随着人们探讨生物学问题的深入发展，必然会出现越来越多的复合种群。因此，未来生物数学研究的重心之一将会是对多物种复合种群模型的研究，特别是具有扩散特征的复合种群的研究。

8.2.3 将创造出更适合于生物学的新数学

在将数学应用于生物学的漫长岁月中，必将产生出更适合于生物学的新数学。下面的例子将从一个侧面反映这种发展趋势：

1919 年，德国科学家米切利希 (Eilhard Alfred Mitscherlich, 1874—1956) 为了描述植物对环境因子的反应，假设 y 表示 t 时刻的树木的总生长量，树木生长速度 $\dfrac{dy}{dt}$ 与树木生长量的最大值参数值 $y_{\max}$ 和 y 之差成比例，即有下述方程[348]：

$$\dfrac{dy}{dt} = r(y_{\max} - y)$$

当 $t=0$, $y_0=0$ 时，可以求得该方程的一个特解——著名的单分子式：

$$y = A(1 - e^{-rt})$$

其中，$A = y_{\max}$ 为树木生长的极限值，r 为生长速率参数 (控制增长因子)。

上述单分子式具有下列性质：

(1) 单分子式满足生长方程的初始条件，即 $t=0$ 时，$y_0=0$，并且单分子式有一条渐近线 $y = A$。

(2) y 是关于 t 的单调递增函数。这是因为，由单分子式可得到树木生长速率为

$$\dfrac{dy}{dt} = \dfrac{d}{dt}\left[A(1-e^{-rt})\right] = rAe^{-rt} > 0 \quad (\Theta r > 0, A > 0)$$

显然，当 $t=0$ 时，$\dfrac{dy}{dt}$ 取极大值；当 $t \to \infty$ 时，$\dfrac{dy}{dt} \to 0$。即在树木生长方程满足单分子式条件时，树木生长速率是关于 t 的非线性函数，在这点上，它不同于逻辑斯谛模型。

(3) 单分子式不存在拐点, 这是因为 $\dfrac{d^2y}{dt^2} = -r^2 A e^{-rt} \neq 0$。

综上可知, 单分子式比较简单, 相当于理想的生长曲线, 比较适合于描述一开始生长较快、无拐点的阔叶树或针叶树的生长过程, 但它不能很好地描述典型的 "S" 型生长曲线。

1939 年, 美国著名的生物数学家舒马切尔 (Francis X.Schumacher, 1892—1967) 基于同龄树木的生长百分比与年龄成反比的假设原理而得出一个较为简明的树木生长方程 [349]:

$$M = \alpha_0 e^{-\alpha_1/t} \quad 或 \quad \ln M = \alpha_0 - \dfrac{\alpha_1}{t}$$

其中, M 为单位面积林分蓄积量, α_0 与 α_1 为树木生长方程参数。

之后, 许多研究者采用多元回归技术来预测林分生长或收获量, 并构造了可变密度收获模型 (舒马切尔收获模型):

$$\ln(M) = \beta_0 + \beta_1 t^{-1} + \beta_2 f(\text{SI}) + \beta_3 g(\text{SD})$$

其中, $f(\text{SI})$ 为地位指数 SI 的函数, $g(\text{SD})$ 为林分密度 SD 的函数, β_0—β_3 为树木生长方程参数。

1939 年, 捷克斯洛伐克的林业工作者科尔夫 (V. Korf) 假设树木生长速率 $\dfrac{1}{y}\dfrac{dy}{dt}$ 与生长衰减因子 $\dfrac{y_{\max}}{y}$ 的对数的密度函数成比例 [350]:

$$\dfrac{1}{y}\dfrac{dy}{dt} = r(\ln y_{\max} - \ln y)^p \Rightarrow \dfrac{dy}{dt} = ry(\ln y_{\max} - \ln y)^p = ry\left(\ln\left(\dfrac{y_{\max}}{y}\right)\right)^p$$

其中, r 为内禀增长率, p 为衰减幂指数 (对于树木生长曲线, 一般总有 $p > 1$)。

如果将初始条件 $t = 0, y = 0$ 的代入上述方程的通解中, 并令

$$b = ((p-1)q)^{\frac{1}{p-1}}, \quad c = \dfrac{1}{p-1}$$

则可得它的一个特解, 即科尔夫方程:

$$y = A e^{-bt^{-c}}$$

其中, $A = y_{\max}(> 0)$ 为树木生长的极限值, $b(> 0)$ 与 $c(> 0)$ 为树木生长方程参数。

科尔夫方程具有以下三个重要性质:

(1) 科尔夫方程有两条渐近线 $y = \dfrac{A}{e}$ 和 $y = 0$; 其图形为过原点并具有拐点的 "S" 型曲线, 并且依参数 b 和 c 的不同, 在 $t \geqslant 0$ 的范围内可有各种形状的非对称型曲线。

8.2 生物数学的发展方向展望

由于科尔夫方程可以描述拐点在 0—$\dfrac{A}{e}$ 之间的各种"S"型生长曲线，而许多树木的生长曲线恰好属于拐点 0—$\dfrac{A}{e}$ 之间的"S"型曲线，所以科尔夫方程非常适合于描述树木的生长过程。

(2) y 是关于 t 的单调递增函数。这是因为，对科尔夫方程关于 t 求一阶导数，可得树木生长速率为

$$\frac{\mathrm{d}y}{\mathrm{d}t} = bcyt^{-c-1} > 0 \quad (因为 b > 0, > 0)$$

(3) 科尔夫方程存在一个拐点。这是因为，对科尔夫方程关于 t 求二阶导数，并令

$$\frac{\mathrm{d}^2 y}{\mathrm{d}t^2} = bcyt^{-c-2}\left[bct^{-c} - (c+1)\right] = 0$$

可得拐点坐标为

$$t = \left(\frac{bc}{c+1}\right)^{\frac{1}{c}}, \quad y = A\mathrm{e}^{-\frac{c+1}{c}}$$

此处的最大生长速率

$$\left(\frac{\mathrm{d}y}{\mathrm{d}t}\right)_{\max} = A(bc)^{-\frac{1}{c}} \left(\frac{\mathrm{e}}{c+1}\right)^{-\frac{c+1}{c}}$$

注：舒马切尔方程为科尔夫方程在其参数 $c=1$ 时的特例。

1934 年，美籍奥地利生物学家贝塔朗菲 (Karl Ludwig von Bertalanffy, 1901—1972)(图 8.6) 在德国著名生理学家皮特 (August Pütter, 1879—1929) 于 1920 年提出的表面积定律 [351] 的基础上，构造了生物个体成长模型 $L'(t) = r_B(L_\infty - L(t))$($L$ 为长度，t 为时间，r_B 为成长率，L_∞ 为生物个体的极限体长)[352]。

图 8.6　贝塔朗菲

后来，贝塔朗菲发现在动物生长期间，动物的体重增长速率为同化速率与消耗速率之差，而后两者分别和同化器官的大小以及动物体重成比例。他将生物体看作开放的整体系统，并借助数学模型与计算机进行研究的方法，建立了生物学抗体一般系统理论[353]，为系统生物学的发展作出了重要贡献。

1959 年，生物学家理查德斯 (Francis John Richards, 1901—1965) 在贝塔朗菲生长模型的基础上经一般化处理提出了一个新的生长模型[354]：

$$y(t) = a(1 - be^{-kt})^{\frac{1}{1-m}} (0 \leqslant m < 1), \quad y(t) = a(1 + be^{-kt})^{\frac{1}{1-m}} (m > 1)$$

其中 $y(t)$ 为 t 时刻的生物总生长量，参数 $a = y_{\max}(y(t)$ 的最大值)，$b(0 < b \leqslant 1)$ 为生物生长的初始参数，k 为生物生长速率参数，m 为异速生长参数 (生长曲线的形状参数，为决定曲线拐点的相对位置，反映生长函数的类型)，它的图像是以 a 为渐近线的 "S" 型曲线。理查德斯认为：生物个体在其生命过程中的每一时刻都存在着两方面的生理作用：一方面是合成或同化作用，如植物的光合作用，使其不断地聚集干物质；另一方面是分解或异化作用，动植物为维持生命不断地消耗能量。上述两种作用，反映生物的生命过程实质上为增消型过程。生物生长是上述两种作用的综合结果。

理查德斯模型具有很强的灵活性，不要求时间等间距，而且当参数的取值范围不同时，它可以转化成不同的生长方程，并且随机的数据只要大体上符合 "S" 型分布，均可采用该模型预测。

数学家为了成功地将数学应用于生物学问题中，就需要学习生物学家的语言，以便在施加数学的威力之前就能够清楚地理解基本的生物学原理。尽管人们可以期望数学中已经确立的方法能够直接得到应用，但是生物学中基本问题的定量分析无疑需要新的数学思想和新的数学技巧，从而创造出更适合于生物学的新数学。确实，从更长时期的观察来看，生物学的应用开创了数学研究中的新领域，例如，反应扩散方程中的模式生成以及序列对比中提出的组合学问题。

在许多国家的数学系、统计系、生物系和计算机科学系以及医学研究所中，都有若干生物数学研究小组。不过，比之于生物学的需求而言当前生物数学研究的规模相对来说还是很小的。

对于人类基因测序后得到的一大堆数量巨大的数据，怎样用数学的方法理论，透过这些天文数字般的数据去解读奇妙的生命，是对数学从未有过的挑战，就算是世界最优秀的数学家都不知道能够用多少方法、理论和数学模型，才能 "挖掘" 出隐藏在庞大基因数据背后的生命规律。现在还不清楚其中的构象是怎样决定功能的，很有可能需要创造出更新、更深刻的生物数学方法才能解决这些问题[355]。另外，需要指出的是，随着计算机技术的高速发展，有时会造成这样的一种假象：数学应用在现代生物学中，主要是在处理 "海量" 数据方面，这是对生物数学的误解。

8.2 生物数学的发展方向展望

今天有许多生物数学家的确是从怎样"计算"的角度，来看待数学对生物学中的作用。然而，对于理解生物学的现象来说，仅仅计算是远远不够的。当生物数学家把通过从基因芯片获得的成千上万庞大的生物实验数据喂进一台计算机里，想让计算机根据一定的运行程序解析出一堆堆期待的结论时，可能会发现他还是没能真正理解所要研究的生物学问题。由于生物系统涉及如遗传、神经活动等高级生命运动[356]，但目前生物学系统与数学的假设常常相去甚远，还需要寻找一种适当的稳定性概念来描述所观测到的种群、群落和生态系统，所以生物数学还需要从生物学的需要和特点出发，探求出一套更适合于生物系统的新的数学方法和理论体系，在此过程中，必将创造出一种或几种应用到生物学中的新数学[357]。例如，在第 1 章中介绍过的斑德尔特-拽斯裂解定理、湃齐特-斯派尔重构 (依据子树权重) 定理、布科尹斯喀-维希涅夫斯基树的环面族定理、埃利萨尔德-伍兹极少量推断函数定理。值得肯定的是，生物数学目前已经在其形成阶段上走了很长的一段距离，并获得了一些局部性的重要成就。

纵观生物数学的历史发展，可以清楚地发现：还有许多复杂的生物学问题到现在仍然未能找到相应的生物数学方法来进行研究。这就需要未来的生物数学家对生物学和数学都要更加了解，才能做出全局性的，甚至是根本性的改变生物数学面貌的那种突破，使生物数学的研究工作进入更高的境界[358]。

第 9 章 中国生物数学：从摸索到辉煌

汪厥明、马世骏和阳含熙、吴仲贤和杨纪珂、江寿平等分别开创了中国生物数学的生物统计学、数学生态学、数量遗传学、生物信息学等分支，而其后的刘来福、陈兰荪、马知恩、袁志发、丁严钦、徐汝梅等也为中国生物数学的进一步发展作出了突出贡献 [359]。这一章主要叙述中国生物数学的开拓过程，从而发扬老一辈生物数学家的创业精神，为加快中国生物数学的发展而努力奋斗 [360]。

9.1 生物数学思想在中国的早期发展

9.1.1 6 位学者的开创性工作

汪厥明 (1897—1978)，浙江省金华市人 (图 9.1)，1914 年毕业于浙江省立第七中学，同年随父汪茂榕去日本求学。他在日本补习日文后，1915 年考入日本熊本高等学校，1917 年考入日本东京帝国大学 (今东京大学) 攻读农学，1918 年东京帝国大学毕业后，进入该校研究院继续深造，1924 年获农学硕士学位。1924 年 8 月回国后，任国立北京农业大学 (中国农业大学前身) 讲师兼河北省涿县 (今涿州市) 农事试验场 (冯玉祥创办) 技师。1926 年，出任国立北京农业大学教授。1927 年至 1928 年，被南京国立中央大学农学院借聘一年。1936 年，赴欧洲考察，并在英国剑桥大学农学院进修，专攻生物统计学。1937 年，赴国立西北联合大学农学院任教授兼农艺系主任。1938 年初，赴广西大学农学院任教授兼农艺系主任。20 世纪 40 年代，他完成了题为《动差、新动差、乘积动差及其相互关系》的巨著原稿。抗日战争胜利后，他赴昆明任国立云南大学农学院教授。1946 年，出任台湾大学农学院教授兼农艺系主任。1955 年，获台湾 "教育部" 学术奖。1959 年 4 月被选为 "第三届中央研究院院士"。1963 年，被 "台湾" 中央研究院授予 "特级院士" 荣誉称号，并被聘为台湾首期发展科学委员会国立研究讲座教授。

1973 年 7 月退休后，他仍致力于生物统计学的研究，并撰写了多篇有价值的论著。

汪厥明开创了中国试验研究应用统计和放射率测定之质疑的先河。当英国的生物统计学权威费希尔教授的变量分析法 (后称方差分析) 在欧美初露头角时，他便开始在国立北京农业大学介绍该方法。他于 1934 年发表的《圃场试验误差及其估计理论》，详细论述了农业试验技术基础理论，给出了试验机差合理估计法。其

9.1 生物数学思想在中国的早期发展

后如《动差、新动差、乘积动差及其相互关系》《机差自由度估算法》及《变方成分分析前提与显著性测验》等，均为近代推测统计学理论发展之基础，有精辟独得的见解。他所著《多品种比较试验之理论与实际》及《简方设计试验结果分析法》等，经各农业试验研究机构实际应用，收效至宏，使作物育种家能够更准确地获得优良品种，获得各种农业增产技术。他从事取样技术及推算值可靠性研究时，曾以同位素放射率之测定资料，其开放射率测定之质疑得到国际赞扬。

图 9.1　汪厥明

另外，汪厥明是中国第一个生物统计学研究室的创建者。1946 年，为祝贺他在生物统计学研究方面取得的成就，著名人士董时进、丁颖、胡子昂、刘运筹、彭家元、王益滔等共同发起成立了以汪厥明名字命名的中国第一个生物统计学的研究机构——台湾大学厥明生物统计研究室。后来，台湾大学为表彰他的突出成就，正式将厥明生物统计研究室更名为厥明生物统计研究所，并任命他为首任所长。该机构的建立，为培养高级生物统计学人才，促进生物数学的发展，作出了重要贡献。

马世骏 (1915—1991)，山东滋阳人 (图 9.2)，1937 年从国立北平大学农学院生物系毕业；1948 年到美国犹他州州立大学攻读昆虫生态学，1951 年获得明尼苏达大学研究院博士学位；1962 年，他在中国科学院动物研究所组织建立了中国第一个数学生态研究组；1965 年，马世骏及其助手经过长期研究，提出了对东亚飞蝗中长期数量预测的三种方法：应用周期方程及随机序列的预测法、依种群动态型趋势运行外推估值和多因素过滤回归预测法，同时发表论文《东亚飞蝗中长期数量预测的研究》[361]。这篇论文曾在国际数学生态学上引起强烈的反响，这些方法在此后的害虫预测预报和防治中发挥了重要的作用；后来，因为"文革"而暂时中断学术交流活动十几年之后，马世骏等人在 1979 年上半年，到北京香山举办了首次"数学生态与系统分析讲习班"，1979 年 12 月，通过中国生态学学会成立大会讨论，成立了全国生态系统研究方法讨论班,其中把数学方法应用于解决生态学各领域的问题成为讨论的核心内容之一;经过马世骏的倡导,"数学生态学专业委员会"于 1980 年 10 月正式成立,成为中国生态学学会下设的第一个专业委员会;马世骏的著作有《东亚飞蝗蝗区的研究》和《昆虫动态与气象》等。

图 9.2　马世骏

阳含熙 (1918—2010),江西南昌人 (图 9.3),1939 年毕业于金陵大学森林系;1949 年获澳洲墨尔本大学植物学院科学硕士;1950 年获英国牛津大学森林学硕士。曾任浙江大学森林学系副教授,东北林学院副教授,中国林业科学院林学研究所研究员 (兼室主任),中国科学院自然资源综合考察委员会研究员,学术委员会主任,联合国人与生物圈计划中国国家委员会秘书长、副主席,联合国人与生物圈计划协调理事会副主席,中国生态学会名誉理事长,北京生态工程中心主任等职,1991 年当选为中国科学院院士。

图 9.3　阳含熙

9.1 生物数学思想在中国的早期发展

阳含熙在数学生态学领域进行了开拓性的研究：20 世纪 50 年代从事海南岛橡胶林勘察设计，为热带林业提供科学依据；为中国南方大力发展桉树；提出引种名录和栽培技术。他对杉木进行过长期系统的生态特性和栽培技术研究，提出杉木人工林型分类、气候区划和土壤分类系统，开展杉木林生态定位观测和试验，以及速生丰产林栽培技术，为中国森林生态学研究奠定了基础。他解决了北方平原杨树造林的重要生态疑难问题。1957 年他第一次提出越南植物群落和土壤类型的分类系统。20 世纪 60 年代后，他倡导并发展了中国植物数学生态学的研究工作，1979 年首次用微机做出中国植物群落数量分类，1981 年与卢泽愚合作出版《植物生态学的数量分类》一书，此书对普及中国植物群落数量分类起了先导作用，受到广泛欢迎。

1979 年，他参与筹建了长白山森林生态系统定位试验站，并对长白山森林植物群落分类、种群格局、年龄结构、更新策略和动态过程开展了研究，提出新的数量分类方法，证明二元数据不仅可以和数量数据取得同样好的效果，还可节省人力、物力和时间。他在分析物种种群分布格局上，提倡多种统计检验法并用。这比国外仍普遍采用一种检验法得出的结论要客观全面。他用自己的方法对长白山红松林年龄结构进行分析，追溯出 200 多年的红松林变动历史状况，发现红松等林木有连续更新和间断更新的两种不同更新模式，从而解释了红松林演替中的一些复杂现象。他与其研究生还修正了霍恩 (Horn) 在 1976 年用马尔可夫链模型研究植物演替中的方法，提出两种新的转移概率计算方法，充分考虑老树死亡，新林生长进入林冠层的时间，比霍恩的模型更加接近真实。这一成果于 1986 年第四届国际生态学年会上报告，引起强烈反响。

阳含熙在墨尔本大学期间，曾师从于古德尔 (G. W. Goodall) 和帕顿 (P. Patten) 教授 (这两人后来均成为世界上数学生态学的创始人)。他在攻读林学和生态学的同时，注重学习数理科学，这为他后来致力于发展植物数学生态学打下了良好的基础。他认为，生命现象和过程，如与生态学有关的个体的分布和散播过程，种群的形成和发展，群落的集聚、分布、分类及演替发展，林木的生长过程等，无不具有受多种复杂因子影响决定的规律性。过去，生态学以定性描述这些现象与过程。然而，这种描述难以达到较为严密和深刻的地步。生命现象和过程的复杂性远远高于物理化学现象与过程，数学语言却可以在一定程度上定量地、动态地描述环境与生物现象的相互关系。20 世纪 70 年代后期，国外的数学生态学已经有了一定的发展。因此，他从介绍国外数量生态学的论文与专著着手，先后主持翻译出版了比洛 (E. C. Pileou) 的著名经典《数量生态学》(1969)，英国陆地生态所的《植物生态学的方法》(1982) 以及《植物生态学译丛》(1—4 集)。这些著作对中国植物数学生态学的发展起了促进作用。随后，他于 1980 年举办了系统分析训练班，普及系统分析在生态学研究中的应用。如今该班学员都已成为中国各科研教学单位中应用与发展数量生态学的骨干。他于 1981, 1982 年分别在内蒙古大学、兰州大学兼课讲授 "植物数量生态学", 为中国的数学生态学发展作出了很大贡献 [362]。

吴仲贤 (1911—2007), 湖北汉川县人 (图 9.4)。1939 年, 他从英国剑桥大学学成归国, 即投身到造福民生的科学事业中, 相继在西北大学、西北农学院、中央大学、北京大学农学院任教。新中国成立后院系调整, 吴仲贤先生一直在中国农业大学任教 (1956 年被评为二级教授), 历任中国农业大学第一任畜牧系主任、中国农业大学研究生院副院长、北京市政协第一、二、三、四、六届委员、国务院学位委员会学科评议组成员、中国畜牧兽医学会动物数量遗传学分会第一、二届理事长。他的巨著《统计遗传学》, 将中国的数量遗传学和动物遗传育种的理论和实践推进到一个新时期; 在他的引导下, 中国在遗传参数与遗传效应的估计方法、保种理论和方法、选择理论和方法、最优化育种规划、杂种优势预测等研究领域的成果在中国动物育种中发挥了巨大作用, 加快了中国畜牧业现代化的进程; 他率先用数理统计方法研究饲料中各种氨基酸的相对含量与相应密码子的关系, 提出了 "分子数量遗传学" 的新概念, 为这一学科奠定了基础。在人才培养方面, 吴仲贤教授一生辛勤耕耘, 为中国动物数量遗传学和动物遗传育种事业培育了大量优秀人才, 其学术思想和治学精神影响了几代人的成长。

图 9.4 吴仲贤

杨纪珂 (1921—), 江苏上海人 (图 9.5), 1944 年从国立交通大学唐山工程学院毕业; 1948 年获得美国俄亥俄州立大学硕士学位; 从 1955 年回国后, 杨纪珂就在各种重要的会议和学术报告中不断呼吁发展生物数学; 20 世纪 60 年代, 他就职中国科学院生物物理所任职时, 组织成立了生物数理统计组; 杨纪珂的著作有《生物数学概论》和《数量遗传基础知识》等 [363]。20 世纪 70 年代末, 他主持成立了生物数学研究组 —— 国内第一个生物数学学科的研究组织。另外, 在他的学生孙长

9.1 生物数学思想在中国的早期发展

鸣的努力下，中国科学技术协会第二届常委会通过了接纳"中国生物数学研究会"的决定。

图 9.5 杨纪珂

中国的生物信息学研究最早始于 1980 年上海生化所的以江寿平为代表的研究小组。当时还没有"生物信息学"这个名称。1994 年中国开始有生物信息学文献刊载，且文献总量呈上升趋势：1998 年开始快速增长，2000 年开始大幅度增长。中国科学院、中国医学科学院、军事医学科学院、清华大学、天津大学、浙江大学、复旦大学、哈尔滨工业大学、东南大学、中山大学、内蒙古大学等都先后开展了生物信息学研究和教学工作，许多大学都设立了生物信息学专业，并同时招收本科、硕士、博士研究生。中国的生物信息学研究正处于快速成长期，有的在国际上还占有一席之地，如中国科学院生物物理所的陈润生研究员在 EST 序列拼接方面以及在基因组演化方面、北京大学的罗静初和顾孝诚教授在生物信息学网站建设方面、天津大学的张春霆院士在 DNA 序列的几何学分析方面等的研究[364]。

9.1.2 数学生态学学术活动

1982 年，数学生态专业委员会在中山大学召开了第一届全国数学生态学学术研讨会 (下面珍贵图片均由中国生物数学学会理事长陈兰荪教授提供)。

1984 年在郑州召开了第二届全国数学生态学学术研讨会 (图 9.6)[365]。

1986 年，教育部举办了"农业院校数学生态讲习班"。

1993 年，数学生态专业委员会在成都举行了第三届全国数学生态学学术讨论会，并于 1994 年 6 月由成都科技大学出版社出版了《数学生态学进展》论文集，论文集收录了第三届全国数学生态学学术讨论会上交流的论文 56 篇。

1999 年 9 月在山东烟台举行了第四届全国数学生态学学术讨论会，并于 2000

年 9 月由科学出版社出版了《生态学报 2000 年增刊》，增刊收录了第四届全国数学生态学学术讨论会上交流的论文 39 篇。

图 9.6　第二届全国数学生态学学习班代表

2002 年在广西桂林举行了第五届全国数学生态学学术讨论会等。这些学术活动极大地推动了中国数学生态学的发展。

9.1.3　生物数学讨论会

1982 年 8 月在南昌召开 "三次微分系统学术讨论会"，决定在全国开展各种生物数学学术活动 (图 9.7)；1983 年 8 月开始在西安举行 "三次微分系统、生物数学讨论会" (图 9.8)，之后扩展到在全国 20 多个城市连续举办了 30 多次生物数学讨论会。

图 9.7　三次微分系统学术
　　　讨论会 (南昌)

图 9.8　第一次微分系统、生物
　　　数学讨论会 (西安)

9.2　中国生物数学教育的兴办

1982 年，北京师范大学的刘来福教授在《自然杂志》上撰文 "生物数学"，首次向国内介绍这门新兴学科 [366]。同年《新华文摘》全文转载了此文，这对我国开展

9.2 中国生物数学教育的兴办

该领域教育研究工作起了很大的推动作用。这篇文章于 1999 年被收入中央文献出版社出版的大型文献丛书《中国改革开放二十年〈科技论文〉》当中。

自此以后，对"生物数学"产生兴趣的中国学者越来越多，适合生物数学专门的研究平台也如雨后春笋般出现。为促进数学与生物学的相互渗透，促进数学在生物学中的应用，带动生物数学研究的发展，20 世纪 90 年代初始，中国一些重点院校陆续开始招收生物数学专业博士、硕士研究生，以便加快培养生物数学人才：

(1) 北京师范大学数学科学学院在国内是最早开展"生物数学"这一研究工作方向的单位之一。该校刘来福教授于 1973 年就开始与生物系的教师合作共同探讨生物科学领域中与数学有关的问题。刘来福教授于 1979 年在《遗传学报》上发表论文《作物数量性状遗传距离及其测定》，将数学上的多元分析理论与数量遗传学的思想相结合应用于作物育种工作中，用数学的方法描述了育种工作中作物亲本遗传距离的概念，并且给出了数值测定的方法。这一数学模型在我国育种工作中产生了很大的影响。其后的十余年间它广泛地应用于小麦、水稻、玉米、棉花、高粱、谷子、甜菜等作物的育种工作中。很多硕士、博士研究生围绕这一论题继续进行了大量的研究工作。1984 年，刘来福出版了专著《作物数量遗传》，大大促进了我国遗传育种界在研究工作中应用数学的思想和方法以及数量遗传学的研究成果。该书在中国科学引文数据库 1996 年部分被列为被引频次最高的 20 部专著之一。

另外，刘来福教授在数学生态学领域，特别是在生物种群动态的矩阵模型的研究上，在传统的 Leslie 矩阵模型的基础上组建并研究了广义 Leslie 矩阵模型、变维矩阵模型、随机矩阵模型、具密度依赖的 Logistic 矩阵模型以及交互作用种群的非线性矩阵模型等，其中关于 Logistic 矩阵模型的组建和研究作为一个基础的非线性矩阵模型在 H. Caswell 的专著 *Matrix population models, construction analysis and interpretation* 中被介绍和引用，并被命名为 Liu-Cohen 矩阵模型。

该校李仲来教授在应用生物统计学方面展开大量的研究，成功地预报了 1996 年在鄂尔多斯地区和 1998 年锡林郭勒草原暴发的动物鼠疫，这在国际上尚属首次；利用数学方法发现沙鼠数量变动和鼠疫流行与降水量有关的结论对动物鼠疫预报有重要意义，建立了 4 种动物鼠疫预报和布鲁氏菌病预报的数学模型；研究了几种鼠类增长模型、蚤类波动规律和鼠蚤关系模型等。

该校于 1984 年 1 月获批应用数学硕士点，开始招收生物数学方向硕士研究生；1986 年 7 月获批应用数学博士点，开始招收生物数学方向博士研究生，逐渐形成了生物数学研究集体 [367]。

(2) 西北农林科技大学的生物数学学科的工作起源于 20 世纪 70 年代末，最初由数学、植保、农学、动科等学科的教师自发协同从事相关研究，并于 1998 年申请了中国农林院校应用数学硕士点，主要从事遗传育种和生态学的研究工作；2000 年开始招收数量遗传育种和数学生态学等方向研究生；2005 年成立了"数学模型与数据分析研究中心"；2010 年成立了"应用数学研究所"，已建成集中数学、林学、植保、动科和生命多学科优势力量共同研究的跨专业、跨学科的研究团队。

(3) 1992 年，兰州大学开始招收生物数学专业硕士研究生，1999 年开始招收数学生态学方向博士研究生，2006 年年底兰州大学分别在生命科学学院和数学与统计学学院成立了数学生态学 (理论生态学) 研究所和生物信息学研究所。

(4) 1998 年，天津大学成立生物信息中心。在该校张春霆院士的领导下，采用几何方法、Z 曲线表示 DNA 序列的三维空间，解读 DNA 中的有关信息，并且开始培养生物信息学研究生。

(5) 1998 年，西安交通大学开始在应用数学系招收生物数学方向的博士研究生。

(6) 1999 年，北京大学开始筹建"理论生物学中心"，并于 2001 年 9 月 17 日在其前沿交叉学科研究院正式成立。在自愿结合的基础上，该中心集中了北京大学校内数学、生物、信息科学领域的一批志同道合的优秀科学家，以及国内其他单位及海外的杰出科学家，形成了一个理论生物学研究的交叉学科研究群体，并逐步培养生物数学等领域的博士研究生及博士后。

(7) 浙江大学 (原浙江农业大学，已并入浙江大学) 非常重视生物数学的研究，先后成立了浙江大学统计研究所和浙江大学数学研究中心；2001 年在数学系设立了生物数学博士后的流动站；2006 年，与美国自然科学基金会联合举办了生物信息国际学术会议；2009 年 6 月份又一次举办了生物信息国际学术会议。

(8) 中国农业大学从 2003 年开始在生物学院筹建一个生物信息中心，并于 2004 年 11 月投入使用，现在已经具有博士、硕士招生资格。

(9) 南京农业大学从 2004 年设立生物信息学博士点。该博士点非常重视遗传育种和系统生物学的研究，并且由盖钧镒院士及其博士生共同完成了在植物遗传育种方面，数量性状主基因+多基因混合遗传的重大成果。

(10) 2005 年 6 月中国科技大学同上海生命科学研究院共同合作成立了中国第一个系统生物学系，采用"双导师"制来共同培养本科、硕士、博士 9 年制学生。同年，上海交通大学、复旦大学开始成立系统生物学研究中心。

(11) 华中农业大学于 2008 年 5 月在作物遗传改良国家重点实验室成立了生物信息小组，成员主要有水稻、棉花、油菜、柑橘等课题组，并邀请华中农业大学理学院数学系的部分教师参加。

(12) 陕西师范大学于 2008 年自己设立了生物数学二级学科博士点。

(13) 沈阳农业大学于 2012 年获得生物数学专业 (生物统计方向) 硕士学位授权资格。

9.3 生物数学社团的产生

1984 年 11 月 28 日，经由中国科学院数学研究所、中山大学、西安交通大学、四川师范大学、福建师范大学 5 个单位发起，中国数学会联合了中国生物物理学会、中国生态学会在中山大学召开了 "第一届全国生物数学大会"。与会人员里有来自上述 3 个学会的 158 位代表参加，收集学术报告 118 篇，会上宣讲了 101 篇学术报告，成立了中国生物数学筹备委员会。

1984 年 12 月 17 日，中国数学会第四届常务理事会讨论通过成立 "生物数学专业委员会"，并批准第一批委员会成员 (图 9.9)。

图 9.9　生物数学专业委员会名单

1985 年 1 月经过中国科学技术协会批准，同时成立了中国数学会生物数学专业委员会、中国生物物理学会生物数学专业委员会、中国生态学会数学生态专业委员会[368]。

9.4 生物数学专门期刊的创办

1986 年，安徽农学院正式出版了《生物数学学报》，使得生物数学第一次在国内有了发表自己学术研究论文的刊物。该杂志最初是半年刊，每本 80 页，发表论文 13 篇左右，全年发表论文 25 篇左右。现在的《生物数学学报》是季刊，每本有 192 页，每期发表的论文有 25 篇左右；2007 年的影响因子为 0.588，位居数学期刊的前列 (图 9.10)。

1997 年创刊的《生物数学》杂志 (图 9.11)。该杂志最初是江苏省的刊号，在 1998 年取消省刊号将转为全国统一刊号时，因负责人蒋勇出国 8 年没人办理而停刊。现在，生物数学学会正在与西北农林科技大学合作复刊该杂志。

另外，为进一步加强学会内部交流，特别是向广大青年学生尽可能多地提供国内外学术论著信息，在温州大学大力支持下，于 2004 年创办了内部交流季刊《中国生物数学学会通讯》(图 9.12)。

图 9.10 《生物数学学报》创刊号封面、现在的封面

图 9.11 《生物数学》封面

图 9.12 《中国生物数学学会通讯》封面、背面

2008 年创刊《国际生物数学杂志》由中国数学会生物数学学会理事长、中国科学院的数学与系统科学研究院陈兰荪研究员和奥地利科学院院士 Karl Sigmund 教授合作主编 (图 9.13)。该杂志的编辑部设在鞍山师范学院，由新加坡的世界科学出版社出版、发行与中文版独立出刊，属于季刊，每期 144 页 (图 9.14)。《国际生物数学杂志》的主要目的是为了加强国际间生物数学的学术交流，促进生物数学学科向前发展。其研究的主要方向包括数学生态学、传染病动力学、生物统计学和生物

信息学。该杂志于 2009 年被 SCI 收录。

图 9.13　Karl Sigmund 与陈兰荪

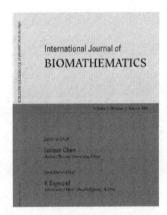

图 9.14　《国际生物数学杂志》封面

9.5　生物数学专著的出版及重要记载

从 20 世纪 80 年代开始，陆续出版了张尧庭和方开泰的《多元统计分析引论》(科学出版社，1982)、周怀梧的《数理医药学》(上海科学技术出版社，1983)、汪云九和顾凡及的《生物控制论研究方法》(科学出版社，1986)、李继彬和陈兰荪的《生命与数学》(四川教育出版社，1986)、刘来福的《生物统计》(北京师范大学出版社，1987)、袁志发等的《实用生物数学基础》(陕西科技出版社，1987)、袁志发等的《概率基础与数理统计》(中国农业出版社，1988)、陈兰荪的《生物数学引论》及《数学生态学模型与研究方法》(科学出版社，1988)、袁志发的《模糊数学在农林科学上的应用》(天则出版社，1990)、兰斌和袁志发翻译的《数量遗传的数学理论》(中国农业出版社，1991)、袁志发等的《多元统计分析》(天则出版社，1992)、陈兰荪和陈键的《非线性生物动力系统》(科学出版社，1993)、马知恩的《种群生态学的数学建模与研究》(安徽教育出版社，1996)、徐克学的《生物数学》(科学出版社，1999)、袁志发和周静芋的《试验设计与分析》(高等教育出版社，2000)、袁志发和周静芋的《多元统计分析》(科学出版社，2002)、马知恩等的《传染病动力学的数学建模与研究》(科学出版社，2004)、袁志发和贠海燕的《试验设计与分析(第二版)》(中国农业出版社，2007)、袁志发和宋世德的《多元统计分析(第二版)》(科学出版社，2009)、袁志发等的《群体遗传学、进化与熵》(科学出版社，2010) 等一大批生物数学及其分支研究专著 (图 9.15)。

另外，自 2008 年开始，由科学出版社陆续出版生物数学的系列书籍 "生物数学丛书"：《单种群生物动力系统》《生物数学前沿》《竞争数学模型的理论研究》

《生物动力学》《随机生物数学模型》《计算生物学导论——图谱、序列和基因组》《阶段结构种群生物模型与研究》等 (图 9.16)。

图 9.15　部分生物数学专著封面

图 9.16　已出版《生物数学丛书》的封面

1991 年，中国大百科全书中第一次将生物数学作为新的学科条目，以 9000 多字的中型条目收载入百科全书[369]。

2001 年 2 月，在《现代数学手册·近代数学卷》的第 21 篇中对"生物数学"作了详细描述[370]。

2002 年 8 月，"生物数学"一词第一次被写进《数学辞海》中的第四卷的 527—529 页[371]：

另外，在中国 1992 年发布的《学科分类与代码 (GB/T 13745—92)》明确地将生物数学列为生物学下的二级学科，同生物物理学、生物化学等并列。

9.6　生物数学学术会议频繁开展

9.6.1　全国性生物数学学术会议

1984 年，在中山大学举行了由中国数学会、中国生物物理学会、中国生态学会联合召开的"全国第一届生物数学学术会议"标志着中国生物数学的发展进入一个全面发展的崭新时期 (图 9.17)。

1990 年 5 月，在湖北省华中师范大学召开"第二届全国生物数学学术会议"(图 9.18)；1994 年 10 月，在上海交通大学召开"第三届全国生物数学学术大会"(图 9.19)；1998 年 7 月，在辽宁省鞍山师范学院成功召开"全国生物数学会第四届学术年会"(图 9.20)[372]。

2004 年 5 月，在温州大学成功召开了"第五届全国生物数学年会"(图 9.21)。

9.6 生物数学学术会议频繁开展

出席年会代表 300 余名,是历年来最多的,其中三分之二以上是中青年科技工作者。会议学术报告的内容覆盖种群动力学、生态学、传染病动力学、免疫动力学、生物统计、遗传、神经网络等多学科。年会协商选举产生了第五届理事会,一致推选陈兰荪教授为理事长。杨启昌、曾照芳、朱军、王稳地、周义仓、陆征一为副理事长,马万彪为秘书长。

图 9.17 第一届全国生物数学学术年会

图 9.18 第二届全国生物数学学术会议

图 9.19 第三届全国生物数学学术大会

图 9.20　全国生物数学会第四届学术年会

图 9.21　第五届全国生物数学年会

2004 年 9 月，中国生物数学学会在中北大学 (山西太原) 主办了 "生物动力系统高级研讨班"，参加研讨班学员 50 余名，且绝大多数是从事生物数学相关领域学习和研究的硕士、博士以及中青年教师。讨论班特邀理事长陈兰荪教授、马知恩教授等知名专家做了系列学术报告。

2005 年 8 月 11—16 日，在福建师范大学成功召开 "2005 年全国生物数学研讨会"。出席这次会议的代表包括来自新疆、吉林、广东、广西、湖南、北京等全国各个地方高校和研究单位的教授、副教授、研究员、副研究员以及硕士与博士研究生等，共计 60 余人。非常可喜的是 35 岁以下的年轻人在与会者中超过半数[373]。研讨会期间，代表们看到福建省生物数学科研队伍不断壮大，科研成果日益丰富，一致建议尽快恢复 "福建省生物数学学会"，以便加强联系、增进交流、促进发展。研讨会特邀学会理事长陈兰荪教授作了系列学术讲座，内容包括：①种群动力学模型；②可再生资源开发与管理；③微生物培养的数学模型；④传染病动力学，并提出了今后生物数学的研究方向。

2005 年 5 月在北京建筑工学院召开了 "第五届全国生物动力系统学术会议"，90 余名来自 23 所高等院校和科研院所的代表参加了会议，出席会议者中近一半是研

9.6 生物数学学术会议频繁开展

究生。理事长陈兰荪教授和马知恩教授为会议作了特邀报告。

2006 年 8 月在青岛与中国现场统计研究会和生物医学统计学会联合召开了"全国生物统计及药物统计学术交流会"。100 多名来自清华大学、北京大学、中国科学院等 30 所院校的专家、学者和研究生参加了会议。

2007 年 10 月 7—10 日在山西运城召开"第七届全国微分方程稳定性暨第六届全国生物动力系统学术会议"。

2008 年,在泰安成功召开了"第六届全国生物数学年会"。

此外,截止到目前中国已经召开了七届"全国生物动力系统学术研讨会"和两次"全国生物统计会议"。这些会议对加快中国生物数学的快速发展具有重要意义。

9.6.2 省级生物数学年会

2007 年 10 月 7 日上午,在福州于山宾馆召开福建省生物数学学会成立大会暨第一届理事会,来自省内高校 80 余名代表出席了会议(图 9.22)。

该会议通过了《福建省生物数学学会章程》等文件,选举产生了理事长、副理事长、秘书长、常务理事、理事。福建师范大学化学与化工学院院长张江山研究员被推选为第一届理事长。陈兰荪教授被授予学会名誉理事长,肖华山教授当选为学会理事。

之后,福建省生物数学学会陆续开展了各种形式的国内外有关生物数学研究领域的学术交流活动,致力于推动生物数学研究和为海峡两岸的经济建设与社会发展服务。

2008 年 10 月 10 日至 12 日在东北大学成功召开"辽宁省生物数学学会成立大会暨第一届学术年会",近 60 位分别来自中国科学院应用生态研究所、中国医科大学、东北大学、大连理工大学、辽宁师范大学、大连民族学院、沈阳农业大学、鞍山师范学院等 25 个单位的代表出席会议(图 9.23)。

图 9.22 福建省生物数学学会成立留念

图 9.23 辽宁省生物数学学会成立留念

目前辽宁省生物数学学会已经召开了 3 届辽宁省生物数学学会学术年会。

随后,四川省、山西省等各省份陆续成立了省级生物数学学会,并定期举行省级生物数学年会，以促进各省市生物数学的发展。

9.6.3 国际生物数学学术会议

1988 年，在西安交通大学成功召开了第一届国际生物数学学术会议，从此开创了生物数学国内外交流的新局面。与会者有 30 多名国外代表，200 名国内代表 (图 9.24)；

1997 年，在杭州浙江农业大学成功召开第二届生物数学国际大会，与会者包括外方主席莱雯 (Simon Asher Levin，国际生物数学学会前主席，美国国家科学院院士，美国艺术与科学院院士，2001 年国际生物数学界最高奖 —— 大久保晃奖获得者) 在内的 30 多位国外代表和 150 位国内代表；

图 9.24 第一届国际生物数学学术会议 (西安)

2002 年，在广西师范大学成功召开了 "第三届生物数学国际大会" 暨国际数学家大会 "生物数学卫星会"，出席会议的有 44 位国外代表，215 位国内代表；

2007 年，在武夷山成功地召开了 "第四届国际生物数学大会"，出席会议的有美国、奥地利、英国、芬兰、日本、加拿大等 23 个国家及地区的 300 多名专家学者。其中，国外代表近 60 人，国内代表 250 余人[374]。同年 6 月 3 日至 5 日在浙江温州大学召开 "微分方程及其在生命科学中的应用国际会议"。

2009 年，中国生物数学学会 (CSMB) 和国际生物数学学会 (SMB) 在浙江大学联合举办的第一届 SMB-CSMB 生物数学联合会议 (图 9.25)，由国际生物数学学会主席弗里德曼教授以及中国生物数学学会理事长陈兰荪研究员共同担任大会主席[375]。会议内容涉及当今生物数学中最受关注的主题。

图 9.25 第一届 SMB-CSMB 生物数学联合会议

9.6.4 双边生物数学会议

由中国生物数学学会和日本生物数学学会共同发起的中日双边生物数学学术会议，是在北方民族大学(原西北第二民族学院)召开的第三届《生物数学学报》编委会会议上提议，并委托秘书长马万彪教授出访日本时与日本同行联系，在日本国立静冈大学、东京大学、九州大学、大阪府立大学和冈山大学等单位的积极响应下商定召开的定期国际间学术交流活动，每两年召开一次，由中方或者日方轮流举办，目的在于促进中日两国生物数学研究领域的进一步交流与合作。

第一届中日双边生物数学会议于 2006 年 4 月 24—28 日在中国西南大学举行，来自日本、法国和中国的 100 余名代表参加了本届双边学术会议。

2006 年 5 月在西安交通大学召开了"中加传染病建模讲习班"。100 余名国内外代表参加了讲习班，马知恩教授与吴建宏教授等作了邀请报告。

第二届中日双边生物数学会议于 2008 年 8 月 4—7 日在日本冈山大学举行；第三届中日双边生物数学会议于 2010 年 10 月 18—21 日在北京召开。会议由中国生物数学学会和日本生物数学学会以及中国科学院植物研究所共同主办。这次会议的主题是现代生物学问题及其生物数学方法。来自中国、日本、韩国、比利时、瑞典、西班牙、阿尔及利亚等国家的约 150 位专家、学者和研究生出席了这次大会。该会议大大加强了中日双方的学术交流，推动了两国生物数学方向的发展。尤其是中国学者近年来在进化动力学、毒代动力学、数学生态学、传染病动力学及分支、复合种群动态、反应扩散方程等方面的工作，引起了世界各国学者的浓厚兴趣(图 9.26)。中日韩三方商定将今后的中日双边生物数学会议扩展为"中日韩生物数学会议"，每两年召开一次，由中、日、韩三方轮流举办。第四届中日韩生物数学会议将于 2012 年在韩国釜山举行。

图 9.26　第三届中日双边生物数学会议 (北京)

另外，南京师范大学分别于 2007 年 6 月、2008 年 5 月、2010 年 12 月成功召开了三次"中加气候变化影响下传染病动力学国际会议"。加拿大、美国、日本、英国等国的许多专家学者参加了这三次会议。参加会议的代表来自数学建模与传染病动力系统、公共卫生与疾病控制等各个领域和加拿大驻华使馆、中国疾病控制中心等各个部门。会议研究的范围主要包括：公共卫生与疾病控制、媒介传染病、水传播疾病的数学建模及数学理论分析等一些相关的课题，以及气候变化对疾病传播有无影响、气候变化如何影响疾病传播、如何建立气候影响下传染病动力学模型、如何建立符合传染病流行规律的数学模型、如何使应用数学与实际问题紧密联系。与会人员对于上述问题进行了广泛而热烈的讨论和交流。

这三次会议为流行病学家、公共卫生和疾病控制专家和数学家提供了一个在气候变化对于疾病传播影响研究领域进一步合作的重要平台，为国际合作与学科交叉的合作提供了难得机会。同时，也为年轻的学者和研究生提供了一个进一步学习和拓展生物数学研究领域的良机。

9.7 小　　结

通过上述对中国生物数学的产生和发展过程进行梳理，可以看出：中国生物数学快速发展的时代已经来临。目前，在中国从事生物数学研究、学习生物数学的人数之多已居世界之首。与世界先进水平相比，中国的生物数学研究水平总体上虽然还比较弱，发展生物数学的任务还很艰巨，但是已经有了一支迅速壮大、充满活力的研究梯队，中国生物数学的研究工作必定能赶上世界先进水平[376]。

参 考 文 献

[1] Chytil M K. On the concept of biomathematics[J]. Acta Biotheoretica, 1977, 26(2): 139.
[2] 张凤琴. 生物数学发展概述 [J]. 运城学院学报, 2005, 23(05): 1–3.
[3] Cull P. The mathematical biophysics of Nicolas Rashevsky[J]. Biosystems, 2007, 88(3): 178–184.
[4] Thompson d'Arcy W. On Growth and Form[M]. Cambridge: Cambridge University Press, 1917.
[5] Zadeh L A. Fuzzy sets[J]. Information and Control, 1965, 8: 338–353.
[6] Parshall K H. George boole: selected manuscripts on logic and its philosophy[J]. Historia Mathematica, 2002, 29(4): 491–493.
[7] Chytil M K. On the concept of biomathematics[J]. Acta Biotheoretica, 1977, 26(2): 139–147.
[8] Elowitz M B, Leibler S. A synthetic oscillatory network of transcriptional regulators[J]. Nature, 2000, 403(6767): 335-338.
[9] Keller E F. Refiguring Life: Metaphors of Twentieth-Century Biology[M]. New York: Columbia University Press, 1995.
[10] Bandelt H J, Dress A. A canonical decomposition theory for metrics on a finite set[J]. Advances in Mathematics, 1992, 92(1): 47105.
[11] Pachter L, Speyer D. Reconstructing trees from subtree weights[J]. Applied Mathematics Letters, 2004, 17(6): 615–621.
[12] Buczynska W, Wisniewski J. On geometry of binary symmetric models of phylogenetic trees[J]. J. Eur. Math. Soc., 2007, 9(3): 609–635.
[13] Elizalde S, Woods K. Bounds on the number of inference functions of a graphical model[J]. Statistica Sinica, 2007, 17(4): 1395–1415.
[14] 徐克学. 生物数学 [M]. 北京: 科学出版社, 2002: 6-9.
[15] 林德光. 生物统计的数学原理 [M]. 沈阳: 辽宁人民出版社, 1982: 4, 5.
[16] Kimura M. Evolutionary rate at the molecular level[J]. Nature, 1968, 217(5129): 625.
[17] Watson J D, Crick F H C. A Structure for deoxyribose nucleic acid[J]. Nature, 1953, 171 (4356): 738.
[18] 陈兰荪, 陈健. 非线性生物动力系统 [M] 北京: 科学出版社, 1993: 14–26.
[19] Zhang S W, Tan D J, Chen L X. Chaos in periodically forced Holling type II predator-prey system with impulsive perturbations[J]. Chaos, Solitons and Fractals, 2006, 28(2): 367–376.

[20] Li Z, Dong H H. Abundant new travelling wave solutions for the (2+1)-dimensional Sine-Gordon equation[J]. Chaos, Solitons and Fractals, 2008, 37(2): 547–551.

[21] 徐克学. 试论生物数学的特点与展望 [J]. 生物数学学报, 1986, 1(2): 151–154.

[22] 赵强, 庞国萍. 生物数学的发展及应用 [J]. 玉林师范学院学报: 自然科学版, 2007, 28(3): 14–18.

[23] Israel G, Millán G A. The Biology of Numbers: the Correspondence of Vito Volterra on Mathematical Biology[M]. Basel: Birkhauser, 2002.

[24] 陈华豪, 徐文科. 生物种群动态数学模型的参数辨识方法 [J]. 农业系统科学与综合研究, 1993, 9(1): 45–50.

[25] Lamarck J B. Hydrogéologie[M]. Paris: L'auteur, 1802.

[26] Woodger J H. The Axiomatic Method in Biology[M]. Cambridge: Cambridge University Press, 1937: 13–21.

[27] Rosen R. Foundations of Mathematical Biology III[M]. New York: Academic Press, 1972: 361–393.

[28] Chytil M K. On the concept of biomathematics[J]. Acta Biotheoretica, 1977, 26(2): 137–150.

[29] 杨纪珂, 齐翔林, 陈霖. 生物数学概论 [M]. 北京: 科学出版社, 1982: 111–113.

[30] Gardner T S, Cantor C R, Collins J J. Construction of a genetic toggle switch in Escherichia coli[J]. Nature, 2000, 403: 339-342.

[31] Svirezhev Y M. Modern problems of mathematical ecology[A]. Proceedings of the Inter National Congress of Mathematicians, 1983: 1677–1693.

[32] 沈括. 梦溪笔谈 [M]. 中国科技大学、合肥钢铁公司, 译注 (自然科学部分). 合肥: 安徽科学技术出版社, 1979.

[33] Vardavas I M. A Fibonacci search technique for model parameter selection[J]. Ecological Modelling, 1989, 48(1-2): 65–81.

[34] de Moivre A . Miscellanea Analytica de Seriebus Et Quadraturis[M]. London: Tonson and Watts, 1730.

[35] Ruggles D. Some fibonacci results using fibonacci-type sequences[J]. Fibonacci Quarterly, 1963, 1(2): 75-80.

[36] Sigler L E. Fibonacci's Liber Abaci: a Translation into Modern English of Leonardo Pisano's Book of Calculation[M]. New York / Heidelberg / Berlin: Springer-Verlag, 2002.

[37] 徐光启撰, 石声汉校. 农政全书校注 [M]. 上海: 上海古籍出版社, 1979.

[38] Graunt J. Natural and Political Observations, Mentioned in a Following Index and Made upon the Bills of Mortality[M]. London: Tho. Roycroft, 1662.

[39] Halley E. An estimate of the degrees of mortality of mankind, drawn from curious tables of the births and funerals at the city of Breslaw; with an attempt to ascertain the price

of annuities upon lives[J]. Philosophical Transactions of the Royal Society of London, 1693, 17: 596-610.

[40] Euler L. 无穷分析引论 (上)[M]. 张延伦, 译. 山西: 山西教育出版社, 1997.

[41] Bernoulli D. Réflexions sur les avantages de l'inoculation[J]. Mercure de France, 1760, 6: 173–190.

[42] Lu Z H, Chi X B, Chen L S. The effect of constant and pulse vaccination on SIR epidemic model with horizontal and vertical transmission[J]. Mathematical and Computer Modelling, 2002, 36(9-10): 1039-1057.

[43] D'Alembert J. Onzième Mémoire: Sur l'application du calcul des probabilités à l'inoculation de la petite vérole[J]. Opuscules mathématiques, 1761, 2: 26–95.

[44] Anderson R M. The persistence of direct life cycle infectious diseases within populations of hosts[A]// Levin S A, eds. Lectures on mathematics in the life sciences Vol. 12[C]. Providence: Amer. Math. Soc., 1979, 12(1): 1–67.

[45] Kermack W O, McKendrick A G. Contributions to the mathematical theory of epidemics[J]. Proceedings of the Royal Society Series A, 1927, 115(772): 700–721.

[46] Lu Z H, Liu X N, Chen L S. Hopf bifurcation of nonlinear incidence rates SIR epidemiological models with stage structure[J]. Communications in Nonlinear Science and Numerical Simulation, 2001, 6(4): 205–209.

[47] Xiao Y N, Chen L S, Frank V B. Dynamical behavior for a stage-structured SIR infectious disease model[J]. Nonlinear Analysis: Real World Applications, 2002, 3(2): 175–190.

[48] Zhang J, Ma Z N. Global dynamics of an SEIR epidemic model with saturating contact rate[J]. Mathematical Bioscience, 2003, 185(1): 15–32.

[49] Malthus T R. 人口原理 [M]. 朱泱, 等, 译. 北京: 商务印书馆, 1996.

[50] Schweber S S. The origin of the origin revisited [J]. Journal of the History of Biology, 1977, 10(2): 229–316.

[51] Weisdorf J L. Malthus revisited: fertility decision making based on quasi-linear preferences[J]. Economics Letters, 2008, 99(1): 127–130.

[52] Quetelet A L J. Sur l'homme et le Développement de ses Facultés, ou Essai de Physique Sociale[M]. Paris: Bachelier, 1835: 34, 35.

[53] Verhulst P F. Notice sur la loi que la population suit dans son accroissement[J]. Correspondance Mathematique et physique, 1838, 10: 113–121.

[54] Pearl R, Reed L J. On the rate of growth of the population of the United States since 1790 and its mathematical representation[J]. Proc. Natl. Acad. Sci., 1920, 6: 275–288.

[55] Gompertz B. On the nature of the function expressive of the law of human mortality[J]. Philosophical Transactions of the Royal Society, 1825, 115: 513–583.

[56] 王如松, 兰仲雄, 丁岩钦. 昆虫发育速率与温度关系的数学模型研究 [J]. 生态学报, 1982, 2(1): 47–57.

[57] 赵惠燕. 温度对萝卜蚜种群参数影响的研究 [J]. 生态学报, 1990, 10(3): 202–212.

[58] 王寿松. 单种群生长的 Logistic 模型 [J]. 生物数学学报, 1990, 5(1): 21–25.

[59] 崔启武, Lawson. 一种新的种群增长数学模型 —— 对经典的 Logistic 方程和指数方程的扩充 [J]. 生态学报, 1992, 2(4): 403–414.

[60] 李新运, 赵善伦, 尤作亮. 一种自适应的种群增长模型及参数估计 [J]. 生态学报, 1997, 17(3): 311–316.

[61] Plank M. Hamilton structure for n-dimensional Lotka-Volterra equations[J]. Journal of Mathematical Physics, 1995, 36: 3520–3534.

[62] Lotka A J. Elements of Physical Biology[M]. Baltimore: Williams and Wilkins, 1925.

[63] Lotka A J. Elements of Mathematical Biology[M]. New York: Dover Publications, 1956.

[64] Boukal D S, Krivan V. Lyapunov functions for Lotka-Volterra predator-prey models with optimal foraging behavior[J]. Journal of Mathematical Biology, 1999, 39: 493–517.

[65] Hsu S B. A remark on the period of the periodic solution in the Lotka-Volterra system[J]. Journal of Mathematical Analysis and Applications, 1983, 95 (2): 428–436.

[66] Gause G F, Smaragdova N P, Witt A A. Further studies of interaction between predators and prey[J]. Journal of Animal Ecology, 1936, 5: 1–18.

[67] Murray J D. Mathematical Biology[M]. Berlin: Springer, 1993.

[68] Murray J D. Mathematical Biology I: an Introduction[M]. New York: Springer-Verlag, 2003.

[69] Murray J D. Mathematical Biology II: Spatial Models and Biomedical Applications[M]. New York: Springer-Verlag, 2003.

[70] Gause G F. Experimental studies on the struggle for existence[J]. Journal of Experimental Biology, 1932, 9(4): 389–402.

[71] Nicholson A J, Bailey V A. The balance of animal populations[J]. Part I. Proceedings of the Zoological Society of London, 1935, 3: 551–598.

[72] Wu F K, Hu S G. Stochastic functional Kolmogorov-type population dynamics[J]. Journal of Mathematical Analysis and Applications, 2008, 347(2): 534–549.

[73] Hodgkin A L, Huxley A F. Currents carried by sodium and potassium ions through the membrane of the giant axon of Loligo[J]. Journal of Physiology, 1952, 116(4): 449–472.

[74] Hartline H K, Ratliff F. Spatial summation of inhibitory influences in the eye of the limulus[J]. Journal of general physiology, 1958, 41(5): 1049–1066.

[75] Rosenzweig M L. Exploitation in three trophic levels[J]. American Naturalist, 1973, 107: 275–294.

[76] Xu R, Chaplin M A J, Davidson F A. Persistence and global stability of a ratio-dependent predator-prey model with stage structure[J]. Applied Mathematics and Computation, 2004, 158: 729–744.

[77] Leslie P H, Gower J C. The properties of a stochastic model for the predator-prey type of interaction between two species[J]. Biometrika, 1960, 47(3-4): 219–234.

[78] 张锦炎. 非线性常微分方程定性理论在生态学中的应用 [J]. 生物化学与生物物理进展, 1979, 6(4): 45–51.

[79] 陈兰荪. 数学生态学模型与研究方法 [M]. 北京: 科学出版社, 1988.

[80] Chen Y M. Multiple periodic solutions of delayed predator-prey systems with type IV functional responses[J]. Nonlinear Analysis: Real World Applications, 2004, 5: 45–53.

[81] Xia Y H. Positive periodic solutions for a neutral impulsive delayed Lotka-Volterra competition system with the effect of toxic substance[J]. Nonlinear Analysis: Real World Applications, 2007, 8: 204–221.

[82] Bengtsson J. Interspecific competition increases local extinction rate in a metapopulation system[J]. Nature, 1989, 340: 713–715.

[83] Fisher R A. The wave of advance of advantageous genes[J]. Annals of Eugenics, 1937, 7: 353–369.

[84] Du Y H, Hsu S B. A diffusive predator-prey model in heterogeneous environment[J]. Journal of differential equations, 2004, 203: 331–364.

[85] Turing A M. The chemical basis of morphogenesis[J]. Phil. Trans. Roy. Soc. Lond. B, 1952, 237(641): 37–72.

[86] Skellam J G. Random dispersal in theoretical populations[J]. Biometrka, 1951, 38(1-2): 196–218.

[87] Levin S A. Dispersion and population interactions[J]. American Naturalist, 1974, 108: 207-228.

[88] Hastings A. Dynamics of a single species in a spatially varying environment: the stabilizing role of high dispersal rates[J]. Math Biology, 1982, 16: 49–55.

[89] Allen L J S. Persistence and extinction in single-species reaction-diffusion models[J]. Bulletin of Mathematical Biology, 1983, 45(2): 209-227.

[90] Beretta E, Takeuchi Y. Global stability of single-species diffusion Volterra models with continuous time delays [J]. Bulletin of Mathematical Biology, 1987, 49(4): 431–448.

[91] Freedman H I, Rai B, Waltman P. Mathematical model of population interactions with dispersal II: Differential survival in a change of habitat[J]. J. Math. Anal. Appl., 1986, 115: 140–154.

[92] Aiello W G, Freedman H I. A time delay model of single species growth with stage structure[J]. Math. Biosci., 1990, 101(1): 139–153.

[93] Takeuchi Y. Global Dynamical Properties of Lotka-Volterra Systems[M]. Singrapore: World Scientific, 1996: 73–97.

[94] Mahbuba R, Chen L S. On the nonautonomous Lotka-Volterra competition system with diffusion[J]. Diff. Equat. Dyn. Syst., 1994, 2(3): 234–253.

[95] Kuang Y, Takeuchi Y. Predator-prey dynamics in models of prey dispersal in two-patch environments[J]. Math. Biosci., 1994, 120 (1): 77-98.

[96] 张兴安, 梁肇军, 陈兰荪. 一类捕食与被捕食 LV 模型的扩散性质 [J]. 系统科学与数学, 1999, 19(04): 407–414.

[97] 罗茂才, 马知恩. 具有分离扩散的两生物群体 Lotka-Volterra 模型的持久性 [J]. 生物数学学报, 1997, 12(1): 52–59.

[98] Cui J A, Chen L S. Permanence and extinction in logistic and Lotka-Volterra systems with diffusion [J]. Journal of Mathematical Analysis and Applications, 2001, 258 (2): 512–535.

[99] Levins R. Extinction//M Gerstenhaber, cd. Some mathematical problems in biology. American Mathematical Society[C], Providence, RI. 1970, 2: 77–107.

[100] Hanski I. Single-species metapopulation dynamics: Concepts, models and observations[J]. Biological Journal of the Linnean Society, 1991, 42: 17–38.

[101] Hasssell M P. The Dynamics of Arthropod Predator——Prey Systems[M]. Princeton: Princeton University Press, 1978: 1–126.

[102] Liu B, Zhang Y J, Chen L S. Dynamic complexities of a Holling I predator-prey model concerning periodic biological and chemical control[J]. Chaos, Solitons & Fractals, 2004, 22(1): 123–134.

[103] Song X Y, Li Y F. Dynamic complexities of a holling II two-prey one-predator system with impulsive effect[J]. Chaos, Solitons and Fractals, 2007, 33(2): 463–478.

[104] Holling C S. The components of predation as revealed by a study of small-mammal predation of the European pine sawfly[J]. Canadian Entomologist, 1959, 91: 293–320.

[105] Holling C S. The functional response of predator to prey density and its role in mimicry and population regulation[J]. Memories of Entromological Society of Canada, 1965, 45: 1–60.

[106] 陈凤德, 陈晓星, 林发兴, 等. 一类具有功能性反应的中立型捕食者——食饵系统全局正周期解的存在性 [J]. 数学物理学报, 2005, 25A(7): 981–989.

[107] Liu X N, Chen L S. Complex dynamics of Holling type II Lotka-Volterra predator-prey system with impulsive perturbations on the predator[J]. Chaos, Solitons and Fractals, 2003, 16(2): 311–320.

[108] Guo H J, Song X Y. An impulsive predator-prey system with modified Leslie-Gower and Holling type II schemes[J]. Chaos, Solitons and Fractals, 2008, 36(5): 1320–1331.

[109] Zhang S W, Tan D J, Chen L S. Chaos in periodically forced Holling type IV predator-prey system with impulsive perturbations[J]. Chaos, Solitons and Fractals, 2006, 27(4): 980–990.

[110] Wang F Y, Zhang S Y, Chen L S, et al. Bifurcation and complexity of Monod type predator-prey system in a pulsed chemostat[J]. Chaos, Solitons and Fractals, 2006, 27(2): 447–458.

[111] Song X Y, Chen L S. Global asymptotic stability of a two species competitive system with stage structure and harvesting[J]. Communications in Nonlinear Science and

Numerical Simulation, 2001, 6(2): 81–87.

[112] Song X Y, Li Y F. Dynamic behaviors of the periodic predator-prey model with modified Leslie-Gower Holling-Type II schemes and impulsive effect[J]. Nonlinear Analysis Series B: Real World Applications, 2008, 9(1): 64–79.

[113] 王琳琳. 自治 Holling III 类功能性反应的捕食 —— 食饵系统的定性分析 [J]. 西北师范大学学报, 2005, 41(1): 1–6.

[114] Tang S Y, Chen L S. Chaos in functional response host-parasitoid ecosystem models[J]. Chaos, Solitons and Fractals, 2002, 13(4): 875–884.

[115] May R M. Stability and Complexity in Model Ecosystems [M]. Princeton: Princeton University Press, 1973.

[116] Peng R, Wang M X. Positive steady states of the Holling-Tanner prey-predator model with diffusion[J]. Proceedings of the royal society of Edinburgh, 2005, 135A: 149–164.

[117] May R M. Simple mathematical models with very complicated dynamics[J]. Nature, 1976, 261 (5560): 459–467.

[118] May R M. Host-parasitoid systems in patchy environments: a phenomenological model[J]. Journal of Animal Ecology, 1978, 47: 833–843.

[119] Anderson R M, May R M. Infectious Diseases of Humans: Dynamics and Control[M]. Oxford: Oxford University Press, 1991.

[120] Wang F Y, Hao C P, Chen L S. Bifurcation and chaos in a Tessiet type food chain chemostat with pulsed input and washout[J]. Chaos, Solitons and Fractals, 2007, 32(4): 1547–1561.

[121] 陈士华, 陆君安. 混沌动力学初步 [M]. 武汉: 武汉水利电力大学出版社, 1998.

[122] 杨纪珂, 孙长鸣, 汤旦林. 应用生物统计 [M]. 北京: 科学出版社, 1983: 3–7.

[123] 董时富. 生物统计学 [M]. 北京: 科学出版社, 2002: 4–9.

[124] Robert R S, Rohlf F J. Biometry[M]. New York: W.H. Freeman and Company Ltd, 1977: 46–58.

[125] Sokal R R, Rohif F J. Biometry: the Principles and Practice of Statistics for Biological Research[M]. San Francisco: W. H. Freeman and Company Ltd, 1969: 17–23.

[126] Laplace P S. Théorie Analytique Des Probabilités[M]. Paris: Courcier, 1812: 24–35.

[127] Quetelet L A J. Sur l'Homme Et Le Développement de Ses Facultés, Ou Essai de Physique Sociale[M]. Paris: Bachelier, 1835: 1–23.

[128] Hankins F H. Adolphe Quetelet as Statistician[M]. New York: Columbia University Press, 1998: 5–7.

[129] Galton F. Natural Inheritance[M]. London: Macmillan, 1889: 17–94.

[130] 林德光. 生物统计的数学原理 [M]. 沈阳: 辽宁人民出版社, 1982: 7–9.

[131] Kleinbaum D, Rosner B. Fundamentals of Biostatistics[M]. Boston: Duxbury Press, 1982: 132–141.

[132] 明道绪. 生物统计 [M]. 北京: 中国农业科技出版社, 1998: 4–6.

[133] 范福仁. 生物统计学 (修订本)[M]. 南京: 江苏科学技术出版社, 1980: 12–15.

[134] 刘来福, 程书肖. 生物统计 [M]. 北京: 北京师范大学出版社, 1988: 3–9.

[135] Rubinow S I. Introduction to Mathematical Biology[M]. New York: John Wiley and Sons, 1975: 153–157.

[136] Student. The probable error of a mean[J]. Biometrika, 1908, 6(1): 1–25.

[137] Bailey N T J. Statistical Methods in Biology[M]. London: Hodder and Stoughton, 1981: 53–64.

[138] 高山林. 生物统计学 [M]. 北京: 中国农业出版社, 1994: 39–42.

[139] Fisher R A. Statistical Methods for Research Workers[M]. Edinburgh: Oliver and Boyd, 1925.

[140] Fisher R A. The Genetical Theory of Natural Selection[M]. Oxford: Oxford University Press, 1930.

[141] Fisher R A. The use of multiple measurements in taxonomic problems[J]. Annals of Eugenics, 1936, 7: 179–188.

[142] Fisher R A. The Design of Experiments[M]. New York: Hafner Publishing Company, 1935.

[143] Fisher R A, Yates F. Statistical Tables for Biological, Agricultural and Medical Research[M]. London: Oliver & Boyd, 1938.

[144] Fisher R A. The Theory of Inbreeding[M]. Edinburgh: Oliver and Boyd, 1949.

[145] Fisher R A. Contributions to Mathematical Statistics[M]. New York: John Wiley and Sons Inc.; London: Chapman and Hall, 1950.

[146] Fisher R A. Statistical Methods and Scientific Inference[M]. New York: Hafner Press, 1956.

[147] Fisher R A. Collected Papers of R.A. Fisher (1971-1974). Five Volumes(ed. J.H. Bennett)[M]. Adelaide: University of Adelaide, 1966.

[148] Neyman J, Pearson E S. On the use and interpretation of certain test criteria for purposes of statistical inference[J]. Biometrika, 1928, 20A (3-4): 175–240.

[149] Cramer H. Mathematical Methods of Statistics[M]. Uppsala: Almqvist & Wiksells, 1945.

[150] Finney D J. Orthogonal partitions of the 6×6 latin squares[J]. Annals of Eugenics, 1946, 13: 184–196.

[151] Kleinbaum D, Rosner B. Fundamentals of Biostatistics[M]. Boston: Duxbury Press, 1982: 152–154.

[152] Parresol B R. Assessing tree and stand biomass: A review with examples and critical comparisons[J]. Forest Science, 1999, 45(4): 573–593.

[153] Furnival G M. An index for comparing equations used in constructing volume tables[J]. Forest Science, 1961, 7(4): 337–341.

[154] 曾伟生, 骆期邦, 贺东北. 兼容性立木生物量非线性模型研究 [J]. 生态学杂志, 1999, 18(4): 19–24.

[155] Zianis D, Mencuccini M. On simplifying allometric analyses of forest biomass[J]. Forest Ecology and Management, 2004, 187(2): 311–332.

[156] Zabek L M, Prescott C E. Biomass equations and carbon content of aboveground leafless biomass of hybrid poplar in Coastal British Columbia[J]. Forest Ecology and Management, 2006, 223(1-3): 291–302.

[157] Case B S, Hall R J. Assessing prediction errors of generalized tree biomass and volume equations for the boreal forest region of west-central Canada[J]. Canadian Journal of Forest Research, 2008, 38(4): 878–889.

[158] Beecher H K. The powerful placebo[J]. Journal of the American Medical Association, 1955, 159(17): 1602–1606.

[159] Light R J, Smith P V. Accumulating evidence: procedures for resolving contradictions among different research studies[J]. Harvard Educational Review, 1971, 41(4): 429–471.

[160] Glass G V. Primary, secondary, and meta-analysis of research[J]. Educational Researcher, 1976, 5(10): 3–8.

[161] Cochrane A L. 1931-1971: a critical review with particular reference to the medical profession// Medicines for the Year 2000[M]. London: Office of Health Economics, 1979: 1–11.

[162] Sterne J A C, Egger M, Smith G D. Investigating and dealing with publication and other biases in meta-analysis[J]. British Medical Journal, 2001, 323(7304): 101–105.

[163] Pi-Sunyer F, Schweizer A, Mills D, et al. Efficacy and tolerability of vildagliptin monotherapy in drug-naive patients with type 2 diabetes[J]. Diabetes Research and Clinical Practice, 2007, 76(1): 132–138.

[164] Higgins J, Green S. Cochrane Handbook for Systematic Reviews of Interventions[M]. New York: The Cochrane Collaboration, 2008.

[165] 根井正利. 分子群体遗传学与进化论 [M]. 王家玉, 译. 北京: 农业出版社, 1975: 32–34.

[166] 刘来福, 毛盛贤, 黄远樟. 作物数量遗传 [M]. 北京: 农业出版社, 1984: 2–5.

[167] Gardner E J. 遗传学原理 [M]. 杨纪珂, 等, 译. 北京: 科学出版社, 1987: 4, 5.

[168] 高翼之. 遗传学第一个十年中的 W. 贝特森 [J]. 遗传, 2001, 23(3): 251–254.

[169] Nilsson-Ehle H. Kreuzungsuntersuchungen an Hafer und Weizen[J]. Lunds Universitets Arsskrift, 1909, 5(2): 1–122.

[170] 孔繁玲. 植物数量遗传学 [M]. 北京: 中国农业大学出版社, 2006.

[171] Haldane J B S. The Causes of Evolution[M]. New York: Longmans, 1932.

[172] Hardy G H. Mendelian proportions in a mixed population[J]. Science, 1908, 28: 49, 50.

[173] Allen G E. Thomas Hunt Morgan: the Man and His Science[M]. Princeton: Princeton University Press, 1978.

[174] Emerson R A, East E M. The inheritance of quantitative characters in maize[J]. Nebraska Agr. Exp. Sta. Res. Bull., 1913, 2: 1–120.

[175] 翟虎渠, 王建康. 应用数量遗传 [M]. 北京: 中国农业科学技术出版社, 2007.

[176] Haldane J B S. A mathematical theory of natural and artificial selection(Part I)[J]. Proc. Camb. Philos. Soc., 1924, 23: 19–41.

[177] Mather K. Variation and selection of polygenic characters[J]. J Genetics, 1941, 41: 159–193.

[178] Mather K, Jinks J L. Biometrical Genetics[M]. London: Chapman & Hall, 1982.

[179] Robertson A. The Nature of Quantitative Genetic Variation[A]. Madison: Univ. Wisc., 1967: 265–280.

[180] Wright S G. Evolution and the Genetics of Populations: Genetics and Biometric Foundations v(1-4)[M]. Chicago: University of Chicago Press, 1984.

[181] Hughey R, Krogh A. Hidden Markov models for sequence analysis: extension and analysis of the basic method[J]. CABIOS, 1996, 12(2): 95–107.

[182] Burge C, Karlin S. Prediction of complete gene structures in human genomic DNA[J]. J. Mol. Biol., 1997, 268: 79-9.

[183] Kruglyak L, Daly M J, Reeve-Daly M P, et al. Parametric and nonparametric linkage analysis: a unified multipoint approach[J]. Am. J. Hum. Genet., 1996, 58: 1347–1363.

[184] Slonim D, Kruglyak L, Stein L, et al. Building human genome maps with radiation hybrids[J]. J. Comput. Biol., 1997, 4: 487–504.

[185] Goldman N, Thorne J L, Jones D T. Using evolutionary trees in protein secondary structure prediction and other comparative sequence analyses[J]. J. Mol. Biol., 1996, 263: 196–208.

[186] Rabiner L R. A tutorial on hidden Markov models and selected applications in speech recongnition[J]. Proc. IEEE, 1989, 77: 257–286.

[187] Watson J D, Crick F H C. A Structure for deoxyribose nucleic acid[J]. Nature, 1953, 171(4356): 737, 738.

[188] Kimura M. Evolutionary rate at the molecular level[J]. Nature, 1968, 217(5129): 624–626.

[189] Li W H. Kimura's contributions to molecular evolution[J]. Theoretical population biology, 1996, 49: 146–153.

[190] Kimura M. The Neutral Theory of Molecular Evolution[M]. Cambridge: Cambridge University Press, 1983: 5–19.

[191] 姜伯驹. 绳圈的数学 [M]. 长沙: 湖南教育出版社, 1991: 23–57.

[192] 余世孝. 数学生态学导论 [M]. 北京: 科学技术文献出版社, 1995: 22–24.

[193] May R M. Theoretical Ecology: Principles and Applications[M]. Philadelphia: W.B. Saunders, 1976.

[194] Greig-Smith P. Quantitative Plant Ecology[M]. 3rd ed. Oxford: Blankwell Science Publications, 1983: 105–112.

[195] Pielou E C. An Introduction to Mathematical Ecology[M]. New York: Wiley-Interscience, 1969.

[196] Odum E P. Fundamentals of Ecology[M]. Philadelphia: W. B. Saunders Company, 1953.

[197] Odum E P. The strategy of ecosystem development[J]. Science, 1969, 174: 262-270.

[198] Odum E P. Basic Ecology[M]. New York: CBS College Publishing, 1982: 401-407.

[199] Brown M T, Herendeen R A. Embodied energy analysis and emergy analysis: a comparative view[J]. Ecological Economics, 1996, 19: 220-231.

[200] Odum H T. Environmental Accounting: Emergy and Environmental Decision Making[M]. New York: John Wiley and Sons, 1996.

[201] Odum H T, Odum E C. Ecology and economy: "emergy" analysis and public policy in texas[M]. The Office of Natural Resources and Texas Department of Agriculture, 1987: 164-170.

[202] Odum H T, Odum E C. Energy Basis of Man and Nature[M]. New York: McGraw-Hill, 1981.

[203] Odum H T. Ecological and General System[M]. Colorado: University of Colorado Press, 1994.

[204] Odum H T. Living with Complexity[A]// Crafoord Prize in the Biosciences, Crafoord Lectures[C]. Stockholm: Royal Swedish Academy of Sciences, 1987: 19-85.

[205] Odum H T. Self-organization, transformity and information[J]. Science, 1983, 242: 1132-1139.

[206] MacArthur R H, Wilson E O. The Theory of Island Biogeography[M]. New Jersey: Princeton University Press, 1967.

[207] May R M. Stability and Complexity in Model Ecosystems[M]. Princeton: Princeton University Press, 1973: 43-57.

[208] 马知恩. 种群生态学的数学建模与研究 [M]. 合肥: 安徽教育出版社, 1996.

[209] Anderson R, May R M. Infectious Diseases of Humans: Dynamics and Control[M]. Oxford: Oxford University Press, 1991.

[210] Moffat A S. Theoretical Ecology: winning its spurs in the real world[J]. Science, 1994, 263: 1090-1092.

[211] Damuth J D. Common rules for animals and plants[J]. Nature, 1998, 395: 115, 116.

[212] Smil V. Laying down the law[J]. Nature, 2000, 403: 597.

[213] Whitfield J. All creatures great and small[J]. Nature, 2001, 413: 342-344.

[214] Brown J H, Enquist B J. A general model for the origin of allometric scaling laws in biology[J]. Science, 1997, 276: 112-116.

[215] Zadeh L A. Soft computing and fuzzy logic[J]. IEEE Software, 1994, 11(6): 48-56.

[216] Altman R B. A curriculum for bioinformatics: the time is ripe[J]. Bioinformatics, 1998, 14: 549, 550.

[217] Adleman L M. Molecular computation of solutions to combinational problems[J]. Science, 1994, 266(4): 1021-1024.

[218] Lipton R. DNA solution of the hard computation problem[J]. Science, 1995, 268(4): 542-545.

[219] Gilbert W. Origin of life: the RNA world[J]. Nature, 1986, 319: 618.

[220] 张阳德. 生物信息学 [M]. 北京: 科学出版社, 2004: 4-6.

[221] 宋晓峰, 亢金龙, 王宏. 进化算法的发展与应用 [J]. 软件技术, 2006, 20(3): 66-68.

[222] Holland J H. Adaptation in Natural and Artificial Systems[M]. Ann Arbor, MI: The University of Michigan Press, 1975.

[223] de Jong K A. An Analysis of the Behavior of a Class of Genetic Adaptive Systems[D]. Ann Arbour: University of Michigan, 1975.

[224] Goldberg D E. Genetic Algorithms in Search, Optimization and Machine Learning[M]. MA: Addison-Wesley Publishing Company, 1989.

[225] Davis L. Genetic Algorithm and Simulated Annealing[M]. London: Pitman Publishing, 1987.

[226] Davis L. Handbook of Genetic Algorithms[M]. New York: Van Noestrand Reinhold, 1991.

[227] Koza J R. Genetic Programming: on the Programming of Computers by Means of Natural Selection[M]. Cambridge: MIT Press, 1992.

[228] Koza J R. Genetic Programming II: Automatic Discovery of Reusable Programs[M]. Cambridge: MIT Press, 1994.

[229] Kinnear K E. Advances in Genetic Programming[M]. Cambridge: MIT Press, 1994.

[230] Michalewicz Z. Genetic Algorithms + Data Structure = Evolution Program[M]. 3rd ed. New York: Springer-Verlag, 1996.

[231] Back T. Evolutionary Algorithms in Theory and Practice: Evolution Strategies, Evolutionary Programming, Genetic Algorithms[M]. Oxford: Oxford University Press, 1996.

[232] Pool I d S, Kochen M. Contacts and influence[J]. Social Networks, 1978, 1(1): 5-51.

[233] Barabasi A L, Oltvai Z N. Network Biology: understanding the cell's functional organization[J]. Nature Reviews-Genetics, 2004, 5(2): 101-113.

[234] 张嗣瀛, 张晓. 生物网络及其一些进展 [J]. 系统仿真学报, 2009, 21(17): 5300-5305.

[235] McCulloch W S, Pitts W. A logical calculus of the ideas immanent in nervous activity[J]. Bulletin of Mathematical Biophysics, 1943, 5(4): 115-133.

[236] Cristianini N, Shawe-Taylor J. An Introduction to Support Vector Machines and Other Kernel-Based Learning Methods[M]. Cambridge: Cambridge University Press, 2000: 47-98.

[237] Widrow B, Hoff M E. Associative storage and retrieval of digital information in networks of adaptive 'neurons'[J]. Biological Prototypes and Synthetic Systems, 1962, 1: 160.

[238] Elowitz M L, Papert S A. Perceptrons: An Introduction to Computational Geometry[M]. England: M.I.T. Press, 1969.

[239] Tanomao J, Omatu S. Process control by on-line trained neural controller[J]. IEEE Trans. on IE, 1992, 39(6): 511-521.

[240] Delgado A. Dynamic recurrent neural network for system identification and control[J]. IEE Proc-CTA, 1995, 142(4): 307-313.

[241] Eckhorn R, Reitboeck H J, Arndt M, et al. Feature linking via synchronization among distributed assemblies: simulations of results from cat visual cortex[J]. Neural Computation, 1990, 2(3): 293-307.

[242] Rost B, Sander C. Improved prediction of protein secondary structure by use of sequence profiles and neural networks[J]. Proceedings of the National Academy of Sciences, 1993, 90(16): 7558-7562.

[243] Carr D B, Somogyi R, Michaels G. Templates for looking at gene expression clustering[J]. Statistical Computing & Statistical Graphics Newsletter, 1997, 8(1): 20-29.

[244] 袁曾任. 人工神经网络及其应用 [M]. 北京: 清华大学出版社, 1999: 103-105.

[245] Vapnik V. The Nature of Statistical Learning Theory[M]. New York: SpringerVerlag, 1995: 91-188.

[246] Bader J S, Chaudhuri A, Rothberg J M, et al. Gaining confidence in high-throughput protein interaction network[J]. Nat Biotechnol, 2004, 22(1): 78-85.

[247] 王明会, 李骜, 王娴, 等. Markov 链模型在蛋白质可溶性预测中的应用 [J]. 生物医学工程学杂志, 2006, 23(5): 1109-1113.

[248] 张菁晶, 冯晶, 朱英国. 全基因组预测目标基因的新方法及其应用 [J]. 遗传, 2006, 28(10): 1299-1305.

[249] 张文彤, 姜庆五. 聚类技术在大样本序列进化树分析中的应用 [J]. 中国卫生统计, 2006, 23(5): 393-396.

[250] 徐丽, 康瑞华. 基于遗传算法的 HMM 参数估计 [J]. 湖北工业大学学报, 2006, 21(4): 68-71.

[251] 周晓彦, 郑文明. 基于模糊核判别分析的基因表达数据分析方法 [J]. 华中科技大学学报 (自然科学版), 2007, 35(1): 173-176.

[252] 刘万霖, 李栋, 朱云平, 等. 基于微阵列数据构建基因调控网络 [J]. 遗传, 2007, 29(12): 1434-1442.

[253] 刘桂霞, 于哲舟, 周春光. 基于带偏差递归神经网络蛋白质关联图的预测 [J]. 吉林大学学报 (理学版), 2008, 46(2): 265-270.

[254] 韦芳萍, 陈光旨, 戚继. 生物信息学与重复序列分析 [J]. 广西农业生物科学, 2002, 21(1): 62-68.

[255] Bellman R E. On a routing problem[J]. Quart. Appl. Math., 1958, 16: 87-90.

[256] 张敏. 生物序列比对算法研究现状与展望 [J]. 大连大学学报, 2004, 25(4): 75-82.

[257] Salamov A A, Solovyev V V. Prediction of protein secondary structure by combining nearest-neighbor algorithms and multiple sequence alignments[J]. J. Mol. Biol., 1995, 247(1): 11-15.

[258] Solovyev V V, Salamov A A. INFOGENE: a database of known gene structures and predicted genes and proteins in sequences of genome sequencing projects[J]. Nucleic Acids Research, 1999, 27(1): 49-54.

[259] Paton R. Metaphors, models and bioinformation[J]. Biosystems, 1996, 38(2-3): 155-162.

[260] 李霞, 李义学, 廖飞. 生物信息学 [M]. 北京: 人民卫生出版社, 2010: 318-340.

[261] Mayr E. The growth of biological thought[M]. Cambridge: The Belknap Press of Harvard University Press, 1982: 24-26.

[262] Allen G E. Mendel and modern genetics: the legacy for today[J]. Endeavour, 2003, 27(2): 64-68.

[263] Orel V, Wood R J. Essence and origin of Mendel's discovery[J]. Comptes Rendus de l'Académie des Sciences-Series III -Sciences de la Vie, 2000, 323(12): 1037-1041.

[264] Veuille M. 1900–2000: How the mendelian revolution came about: The Rediscovery of Mendel's Laws (1900), International Conference, Paris, 23–25 March 2000[J]. Trends in Genetics, 2000, 16(9): 380.

[265] Fernberger S W. Mendel and his place in the development of genetics[J]. Journal of the Franklin Institute, 1937, 223(2): 147-172.

[266] Israel G, Millán Gasca A. The Biology of Numbers: the Correspondence of Vito Volterra on Mathematical Biology[M]. Basel: Birkhauser, 2002: 24-31.

[267] Kostitzin V A. Biologie Mathematique[M]. Paris: Colin, 1937.

[268] Israel G. Volterra archive at the accademia nazionale dei lincei[J]. Historia mathematica, 1982, 9: 229-238.

[269] Kingsland S E. Modeling Nature: Episodes in the History of Population Ecology[M]. Chicago: University of Chicago Press, 1985.

[270] Scudo F M. The "Golden Age" of theoretical ecology: a conceptual appraisal[J]. Revue Europeenne des sciences sociales, 1984, 22: 11-64.

[271] Volterra V. Fluctuations in the abundance of a species considered mathematically[J]. Nature, 1926, 118: 558-560.

[272] Scudo F M. Vito Volterra and theoretical ecology[J]. Theoretical population biology, 1971, 2(1): 1-23.

[273] Lotka A J, Volterra V. Fluctuations in the abundance of a species considered mathematically[J]. Nature, 1927, 119: 12, 13.

[274] Israel G. On the contribution of Volterra and Lotka to the development of modern biomathematics[J]. History and philosophy of the life sciences, 1988, 10(1): 37-49.

[275] Volterra V, D'Ancona U. Les Associations Biologiques au Point de Vue Mathematique[M]. Paris: Hermann, 1935.

[276] Feller W. Die grundlagen der volterraschen theorie des kampfes ums dasein in wahrscheinlichkeitstheoretischer behandlung[J]. Acta Biotheoretica, 1939, 5(1): 11-40.

[277] Israel G, Millán Gasca A. The Biology of Numbers: the Correspondence of Vito Volterra on Mathematical Biology[M]. Basel: Birkhauser, 2002: 214-253.

[278] Galton F. Co-relations and their measurement, chiefly from anthropological data[J]. Proceedings of the Royal Society of London, 1888, 45: 136-144.

[279] Galton F. Natural Inheritance[M]. London: Macmillan, 1889: 77-86.

[280] Yule G U. Mendel's laws and their probable relations to intra-racial heredity[J]. New Phytologist, 1902, 1(9): 193–207, 222–238.

[281] Fisher R A. The Design of Experiments[M]. New York: Hafner Publishing Company, 1935: 37-42.

[282] Fisher R A. The Theory of Inbreeding[M]. Edinburgh: Oliver and Boyd, 1949: 67-74.

[283] Thompson E A. R.A.Fisher's contributions to genetical statistics[J]. Biometrics, 1990, 46(4): 905-914.

[284] Fisher R A. The Genetical Theory of Natural Selection[M]. UK: Oxford University Press, 1930: 24-31.

[285] Fisher R A. Statistical Methods for Research Workers[M]. Edinburgh: Oliver and Boyd, 1925: 92-97.

[286] Fisher R A. Contributions to Mathematical Statistics[M]. New York: John Wiley and Sons Inc.; London: Chapman and Hall, 1950: 132-145.

[287] Fisher R A. The Design of Experiments[M]. New York: Hafner Publishing Company, 1935: 23-33.

[288] Fisher R A, Yates F. Statistical Tables for Biological, Agricultural and Medical Research[M]. London: Oliver & Boyd, 1938: 67-73.

[289] Fisher R A. Statistical Methods and Scientific Inference[M]. New York: Hafner Press, 1956: 21-32.

[290] Box J F. R.A.Fisher: the Life of a Scientist[M]. New York: John Wiley and Sons, 1978.

[291] Rashevsky N. Outline of a physico-mathematical theory of excitation and inhibition[J]. Protoplasma, 1933, 20(1):42.

[292] Rashevsky N. Outline of a physico-mathematical theory of excitation and inhibition[J]. Protoplasma, 1933, 20(1):43.

[293] Rashevsky N. Outline of a physico-mathematical theory of excitation and inhibition[J]. Protoplasma, 1933, 20(1):46.

[294] FitzHugh R. Mathematical models of threshold phenomena in the nerve membrane[J]. Bulletin of Mathematical Biophysics, 1955, 17 (2): 267.

[295] Rashevsky N. Outline of a mathematical theory of human relationship[J]. Philosophy of Science, 1935, 2(4): 430.

[296] Rashevsky N. Mathematical Biophysics: Physico-Mathematical Foundations of Biology[M]. Chicago: The University of Chicago Press, 1938.

[297] Rashevsky N. Advances and Applications of Mathematical Biology[M]. Chicago: The University of Chicago Press, 1940.

[298] Rashevsky N. Mathematical Biophysics: Physico-Mathematical Foundations of Biology(vol. 1)[M]. New York: Dover Publications, 1960: 7.

[299] Rashevsky N. Contributions to the mathematical theory of organic form II. Asymmetric metabolism of cellular aggregates[J]. Bulletin of Mathematical Biophysics, 1940, 2(2): 69-72.

[300] Rashevsky N. Outline of a new mathematical approach to general biology: I[J]. Bulletin of Mathematical Biophysics, 1943, 5(1): 33-47.

[301] Rashevsky N. Outline of a new mathematical approach to general biology: II[J]. Bulletin of Mathematical Biophysics, 1943, 5(2): 49-64.

[302] Rashevsky N. Mathematical Theory of Human Relations: An Approach to Mathematical Biology of Social Phenomena[M]. 2nd ed. Bloomington, Indiana: Principia Press, 1947/1949.

[303] Rashevsky N. Mathematical Biophysics: Physico-Mathematical Foundations of Biology[M]. Chicago: The University of Chicago Press, 1948.

[304] Rashevsky N. Topology and life: in search of general mathematical principles in biology and sociology[J]. Bulletin of Mathematical Biophysics, 1954, 16(4): 317-348.

[305] Rashevsky N. Topology and life: in search of general mathematical principles in biology and sociology[J]. Bulletin of Mathematical Biophysics, 1954, 16(4): 326.

[306] Rashevsky N. A contribution to the mathematical biology of the rates of historical development[J]. Bulletin of Mathematical Biophysics, 1954, 16(1): 117-128.

[307] 徐利治. 评 N. Rashevsky 的一篇著作 [J]. 吉林大学学报 (理学版), 1955, 1(1): 374

[308] Rashevsky N. Note on a combinatorial problem in topological biology[J]. Bulletin of Mathematical Biophysics, 1955, 17(1): 45-50.

[309] Rashevsky N. A contribution to the search for general mathematical principles in biology[J]. Bulletin of Mathematical Biophysics, 1958, 20(1): 71-93.

[310] Rashevsky N. A note on a possible mathematical approach to the theory of individual freedom[J]. Bulletin of Mathematical Biophysics, 1958, 20(2): 167-174.

[311] Rashevsky N. A suggestion for a new approach to the mathematical theory of imitative behavior[J]. Bulletin of Mathematical Biophysics, 1967, 29 (4): 863-877.

[312] Rashevsky N. A note on the developmenbt of organismic set[J]. Bulletin of Mathematical Biophysics, 1968, 30(3): 355-358.

[313] Aronson J K. Francis Galton and the invention of terms for quantiles[J]. Journal of Clinical Epidemiology, 2001, 54(12): 1191-1194.

[314] Maini P K, Schnell S, Jolliffe S. Bulletin of mathematical biology—facts, figures and comparisons[J]. Bulletin of Mathematical Biology, 2004, 66(4): 595-603.

[315] Fredrickson A G, Ramkrishna D, Tsuchyia H M. Statistics and dynamics of prokaryotic cell populations[J]. Mathematical Biosciences, 1967, 1: 327-374.

[316] Conrad M. Hans joachim bremermann 1926–1996[J]. Biosystems, 1996, 39(1): 1.

[317] Martienssen W. Mohamed EI Naschie and the geometrical interpretation of quantum physics[J]. Chaos, Solitons and Fractals, 2005, 25(4): 805, 806.

[318] 生物数学学报编辑部. 征订 [J]. 生物数学学报, 2010, 25(1): 121.

[319] Karreman G. Perspectives of mathematical biology presidential address 1976 annual program of the society for mathematical biology[J]. Bulletin of Mathematical Biology, 1977, 39(6): 637-641.

[320] Sigüenza. ESMTB summer school: biology and mathematics of cells: physiology, kinetics and evolution[J]. Journal of Theoretical Biology, 2001, 209(4): 503.

[321] International conference on mathematics in biology and annual meeting of the society for mathematical biology "SMB 2000"[J]. Journal of Theoretical Biology, 2000, 204(1): 151.

[322] Chow I. Society for developmental biology 69th annual meeting: jointly with the japanese society of developmental biologists[J]. Developmental Biology, 2010, 344(1): 391-411.

[323] APA. Distinguished scientific contribution awards[J]. American Psychologist, 1963, 18(12): 801-811.

[324] Keller E F, Segel L A. Model for chemotaxis[J]. Journal of Theoretical Biology, 1971, 30(2): 225-234.

[325] Bauer R, Koedijk K, Otten R. International evidence on ethical mutual fund performance and investment style[J]. Journal of Banking and Finance, 2005, 29(7): 1751-1767.

[326] Tyson J J, Glass L. Arthur T.Winfree (1942–2002)[J]. Journal of Theoretical Biology, 2004, 230(4): 433-439.

[327] 李文林. 数学史教程 [M]. 北京: 高等教育出版社, 2000: 134.

[328] 孟庆云. 中医学方法论. 第四讲: 数学方法在中医学中的应用 [J]. 中国医药学报, 1987, 2(3): 61-63.

[329] 陈小野, 邹世洁. 中医学中的概率统计原理 [J]. 北京中医, 1987, 6(6): 8-10.

[330] 路振宇, 刘保相, 吴范武, 等. 典型中医医案的数学三维解析 [J]. 辽宁中医杂志, 2011, 38(1): 151-153.

[331] Craciun G, Brown A, Friedman A. A dynamical system model of neurofilament transport in axons[J]. Journal of Theoretical Biology, 2005, 237(3): 316-322.

[332] Friedman A, Hu B. Uniform convergence for approximate traveling waves in reaction-hyperbolic systems[J]. Indiana University Mathematics Journal, 2007, 56(5): 2133-2158.

[333] Reed M C, Venakides S, Blum J J. Approximate traveling waves in linear reaction-hyperbolic equations[J]. SIAM Journal on Applied Mathematics, 1990, 50(1): 167-180.

[334] Friedman A, Hu B. Uniform convergence for approximate traveling waves in linear reaction-diffusion-hyperbolic systems[J]. Archive for Rational Mechanics and Analysis,

2007, 186(2): 251-274.

[335] Aguda B, Friedman A. Models of Cellular Regulation[M]. Oxford: Oxford University Press, 2008.

[336] Perelson A S, Nelson P W. Mathematical Analysis of HIV-1 Dynamics in Vivo[J]. SIAM Review, 1999, 41(1): 3-44.

[337] 王开发, 邱志鹏, 邓国宏. 病毒感染群体动力学模型分析 [J]. 系统科学与数学, 2003, 23(4): 433-443.

[338] 王开发. 病毒感染动力学模型分析 [D]. 重庆: 西南大学数学与财经学院, 2007.

[339] 姜启源, 谢金星, 叶俊. 数学模型 [M]. 4 版. 北京: 高等教育出版社, 2011.

[340] 罗建平, 张银娣. 药代动力学药效学结合模型的研究进展 [J]. 中国临床药理学杂志, 2000, 16(4): 309-314.

[341] Goldbeter A, Gonze D. Entrainment vs. Chaos in a model for a circadian oscillator driven by light-dark cycles[J]. Journal of Statistical Physics, 2000, 101(1-2): 649-63.

[342] Goldbeter A. A model for circadian oscillations in the Drosophila period protein (PER) [J]. Proceedings: Biological Sciences, 1995, 261(1362): 319-324.

[343] Leloup J C, Gonze D, Goldbeter A. Limit cycle models for circadian rhythms based on transcriptional regulation in Drosophila and Neurospora[J]. Journal of Biological Rhythms, 1999, 14(6): 433-448.

[344] Leloup J C, Goldbeter A. Modeling the molecular regulatory mechanism of circadian rhythms in Drosophila[J]. BioEssays, 2000, 22(1): 84-93.

[345] Forger D B, Kronauer R E. Reconciling mathematical models of biological clocks by averaging on approximate manifolds[J]. SIAM Journal of Applied Mathematics, 2000, 62(4): 1281-1296.

[346] Ovaskainen O, Sato K, Bascompte J, et al. Metapopulation models for extinction threshold in spatially correlated landscapes[J]. Journal of Theoretical Biology, 2002, 215(1): 95-108.

[347] Hanski I, Ovaskainen O. Metapopulation theory for fragmented landscape[J]. Theoretical Population Biology, 2003, 64(1): 119-127.

[348] Mitscherlich E A. Problems of plant growth[J]. Landwirtschaftliche jahrbucher, 1919, 53: 167-182.

[349] Schumacher F X. A new growth curve and its application to timber-yield studies [J]. Journal of Forestry, 1939, 37: 819-820.

[350] Korf V. A mathematical definition of stand volume growth law[J]. Lesnicka Prace, 1939, 18: 337-339.

[351] Pütter A. Studien Über physiologische Ähnlichkeit. VI WachstumsÄhnlichkeiten[J]. Pflügers Archiv European Journal of Physiology, 1920, 180(1): 298-340.

[352] Bertalanffy L V. Untersuchungen über die Gesetzlichkeit des Wachstums[J]. Wilhelm Roux' Archiv für Entwicklungsmechanik der Organismen, 1934, 131(4): 613-652.

[353] Bertalanffy L V. Quantitative laws in metabolism and growth[J]. The Quarterly Review of Biology, 1957, 32(3): 217-231.

[354] Richards F J. A flexible growth function for empirical use [J]. Journal of Experimental Botany, 1959, 10(29): 290-300.

[355] 高琳, 许进, 张军英. DNA 计算的研究进展与展望 [J]. 电子学报, 2001, 7(29): 1-5.

[356] 林松山. 细胞类神经网络模型的数学研究 [J]. 自然科学简讯, 2000, 12(3): 60-107.

[357] Ulam S M. Some ideas and prospects in biomathematics[J]. Annual Review of Biophysics and Bioengineering, 1972, 1: 277-292.

[358] Altshul S F, Erickson B W. Optimal sequence alignment using affine gap costs[J]. Bull. Math. Biol., 1986, 48: 603-616.

[359] 杨义群. 生物数学在我国的发展 [J]. 浙江大学学报 (农业与生命科学版), 1984, 10(04): 461-466.

[360] 李文林. 数学史概论 [M]. 北京: 高等教育出版社, 2002: 381.

[361] 马世骏, 丁岩钦, 李典谟. 东亚飞蝗中长期数量预测的研究 [J]. 昆虫学报, 1965, 14(4): 319-338.

[362] 兰仲雄, 李典谟. 数学生态学进展 [M]. 成都: 成都科技大学出版社, 1994: 2-15.

[363] 徐克学. 生物数学 [M]. 北京: 科学出版社, 1999: 1-13.

[364] 王玉梅, 王艳, 金奇. 基于文献计量的中国生物信息学研究发展动态 [J]. 科技情报开发与经济, 2002, 12(5): 1-3.

[365] 杨义群, 唐松华, 吴国桢. 生物数学在我国的发展 [J]. 自然杂志, 1987, 10(6): 403-406.

[366] 刘来福. 生物数学 [J]. 自然杂志, 1982, 5(1): 33-36.

[367] 李仲来. 北京师范大学数学科学学院史 (1915-2009)[M]. 2 版. 北京: 北京师范大学出版社, 2009: 132-133, 232.

[368] 齐翔林. 我国生物数学开始进入发展新阶段 —— 第一届全国生物数学学术报告会召开 [J]. 生物化学与生物物理进展, 1985, 12(1): 1.

[369] 中国大百科全书出版社编辑部. 中国大百科全书·生物学 II [M]. 北京: 中国大百科全书出版社, 1991: 1426-1430.

[370] 徐利治. 现代数学手册·近代数学卷 [M]. 武汉: 华中科技大学出版社, 2001.

[371] 《数学辞海》编辑委员会. 数学辞海 (第四卷)[M]. 北京: 中国科学技术出版社, 2002: 527-529.

[372] 生物数学学报编辑部. 全国生物数学会第四届年会暨学术会议情况报道 [J]. 生物数学学报, 1998, 13(4): 483.

[373] 生物数学学报编辑部. "2005 年全国生物数学研讨会" 会议纪要 [J]. 生物数学学报, 2005, 20(3): 302, 331.

[374] 生物数学学报编辑部. 第四届国际生物数学大会纪要 [J]. 生物数学学报, 2007, 22(4): 492.

[375] 徐海明. 生物数学研究动态与进展 [J]. 国际学术动态, 2009, 24(6): 37-39.

[376] 徐克学. 试论生物数学的特点与展望 [J]. 生物数学学报, 1986, 1(2): 154.

索　引

A

埃利萨尔德　4, 155
埃默森　80
安德森　17, 88, 133
奥德姆　5, 86–88

B

贝塔朗菲　153, 154
贝叶斯公式　60
变动系数　62
玻尔兹曼　100, 113
布科尹斯喀　3, 155
布烈曼　130

C

参数　25
残差平方和　62
陈兰荪　37, 38, 131
帱齐　130
传染病动力学　131, 166
传染病动态数学模型　16–19
创新点　7
重构定理　3, 155

D

大久保晃奖　29, 132, 172
单种群扩散　35, 37
蛋白质相互作用　97
德安科纳　26
德弗里斯　110, 111
德茸　96, 97
点估计　54, 59

丁严钦　156
动力学行为　42, 88
多物种复合种群　147, 149
多元统计分析　54, 167
多种群扩散　37

F

非线性生物动力系统　167
斐波那契　12–14
费希尔　4, 35
费希尔奖　132, 133
分歧理论　131
分形　89, 131
分支斑德尔特　3
弗雷德瑞克森　130
复合种群　38, 39, 147
复杂性　1, 7

G

概念厘定　8
感知器　99, 100
高尔顿　4, 48
戈塞特　51
格朗特　14, 15
格罗斯伯格　100
估计值的标准误　62
孤立子　131

H

哈代　72–74
赫布　99
赫泽尔　82

黑帏勒　131
环境随机性　42, 88
环面族定理　3, 4, 155
混沌　10
混合种群　74
霍兰德　96
霍林种群动态数学模型　39
霍尔单　75, 80

J

基因调控　97, 103
极少量推断函数定理　4, 155
集合论　91
吉尔伯特　94
假设检验　55, 61, 123
江寿平　156, 161
进化与熵　167
均衡理论　87, 88
决定性混沌　131

K

卡尔·皮尔逊　4, 49
卡里斯乌　138
凯特勒特　21, 47
科尔夫　152, 153
科伦斯　110, 111
克里克　5, 83, 84
空间异质性　42, 88

L

拉马克　8
拉普拉斯　46
拉什　82
拉谢甫斯基　2, 124
里德　138, 139
隶属函数　91, 92
裂解定理　3, 155
刘来福　156, 162, 163

罗伯特·梅　41, 42
罗伯逊　82
罗顿　80
罗森　8, 32, 99
罗森布拉特　99
逻辑斯谛　21–25
洛特卡　25, 27–30

M

马尔可夫　31, 59
马尔萨斯模型　19
马瑟　82
马世骏　156–158
马知恩　37, 156, 167
麦克阿瑟　87, 88
麦克卡洛　99
孟德尔　4, 48
孟德尔定律　72, 76, 108
米切利希　151
模糊集　2, 91, 92
模糊数学　90
模型　2, 3, 5
摩尔根　4, 72
木村兹生　4, 84, 85

N

奈曼　55, 56, 61
馁思齐　131
牛顿定律　89, 90

O

欧拉　15

P

湃齐特　3, 155
皮卡德　113, 114
匹茨　99
平均百分标准误　62

平均预估偏差　64
平均预估误差　64

Q

齐题尔　5, 8
奇异理论　131
邱歇马克　110, 111
区间估计　55, 61
群体遗传学　1, 4, 85
琼斯　85

R

人口几何增长　15
人口增长模型　14
瑞特　80, 81, 83

S

神经网络数学模型　98–100
沈括　10, 11
生命表模型　14, 45
生态模型　42, 88
生态系统指标　42, 88
生物控制论　167
生物数　1, 2, 3, 6
生物数学引论　167
生物数学思想研究　194
生物网络数学　97–99, 101
生物网络数学模型　97–99
生物信息学　93, 94, 96
实用生物数学基础　167
舒马切尔　152, 153
数理医药学　167
数量遗传学　1, 4, 69
双边生物数学会议　131, 173
斯派尔　3, 155

T

统计量试验设计法　59
统计决策理论　61, 62
图灵　36, 93, 94
托姆　85
脱氧核糖核酸　3, 83
拓扑　85

W

汪厥明　156, 157
威德罗　100
威尔逊　87, 88
韦尔登　71, 72, 121
维希涅夫斯基树　4, 155
温伯格　72, 73
温夫奖　132, 136
稳定性　36, 37, 41, 42
沃尔泰拉　25–32
沃森　5, 83
吴仲贤　156, 160
伍杰　8
伍兹　4, 155

X

席格尔奖　132, 135
细胞种质学说　107
显性因子　108
新陈代谢　97, 98
性状分离规律　108
徐光启　14
徐汝梅　156

Y

阳含熙　156, 158, 159
杨纪珂　160, 161
样本　46, 47, 49
伊亘·皮尔逊　55, 56, 61
遗传平衡定律　72, 73
遗传算法　94, 95
遗传突变　98

隐性因子　108
犹勒　121
有限论域　92
右手双螺旋　83, 84
元分析方法　64, 65, 67
衰志发　156, 167

Z

杂种的分离律　110

中性理论　4, 84, 85
种群动态数学模型　7, 10–13
拽斯　3, 155
自由组合规律　108
总体　26, 46–48

其他

Furnival 指数　62
Logistic　21, 163

结 束 语

从开始接触生物数学思想到现在,一晃已近十年。凭借中国科学院数学与系统研究所李文林研究员为笔者提供的在中国科学院专心查阅生物数学思想文献的优越条件,以及笔者在法国科学院作博士后研究期间所收集的与生物数学思想相关的珍贵资料,笔者对生物数学思想的发展演进过程进行了考察。期间,采集整理生物数学思想资料,提炼总结生物数学思想发展过程中的学术观点,梳理生物数学思想产生和发展的脉络,虽蒙多位专家悉心指点和教导,数易其稿,但竟至封笔仍不免惴惴不安。

显然,本书中的这些研究还是很初步的,笔者对生物数学思想发展过程中的很多问题也还是相当茫然,这是学识浅薄所致。在写作过程中,两台笔记本电脑并开,但各个章节的进度都不如意。跨着生物学、数学两个专业方向,脚踩两只船从来都是高难度的复杂事情。不过好在文以载道,读者若能从本书中对社会、人生、生物数学本身哪怕某个细小的方面有所感悟,也就不枉笔者 10 年的心血。可以说,10 年来的血汗没有白费,笔者学习到了很多生物数学思想,对生物数学思想增加了一些了解,对我国生物数学思想的发展状况也有了更深刻的理解,同时也得到了一点点新的结果。凡是学有所成之人,都是认准一个目标,数十年如一日地坚持。最终滴水穿石,修成正果。十年磨一剑,不敢试锋芒;再磨十年剑,泰山不敢当。然而,即便本书做出了一点努力,仍有一些重大成果的案例需要进一步深入分析,并且还有大量生物数学的新思想等待着人们去研究。

本书稿作为国内外生物数学思想研究的首部著作,其创新点及特色已在绪论中谈及,兹不赘述。其中最明显的特点是大胆地尝试选择了具有代表性的种群动态数学模型的产生和发展过程作为突破口,并以专节论述了这类生物数学思想在产生和发展过程中所经历的 15 种形态。这种尝试是否妥当,作者感到不安,如履薄冰。敬请广大专家与读者幸赐教言,以匡不逮。

赵 斌
2015 年 12 月 31 日
于西北农林科技大学

编 后 记

《博士后文库》(以下简称《文库》)是汇集自然科学领域博士后研究人员优秀学术成果的系列丛书.《文库》致力于打造专属于博士后学术创新的旗舰品牌,营造博士后百花齐放的学术氛围,提升博士后优秀成果的学术和社会影响力.

《文库》出版资助工作开展以来,得到了全国博士后管委会办公室、中国博士后科学基金会、中国科学院、科学出版社等有关单位领导的大力支持,众多热心博士后事业的专家学者给予积极的建议,工作人员做了大量艰苦细致的工作.在此,我们一并表示感谢!

《博士后文库》编委会